新时代乡村振兴丛书

农户
生态养鸡技术

李婉雁◎主编

U0754689

SPM
南方传媒

广东科技出版社
全国优秀出版社

· 广 州 ·

图书在版编目（CIP）数据

农户生态养鸡技术 / 李婉雁主编. -- 广州：广东
科技出版社，2025.1. --（新时代乡村振兴丛书）.
ISBN 978-7-5359-8351-0

Ⅰ. S831.4

中国国家版本馆CIP数据核字第2024W4944D号

农户生态养鸡技术

Nonghu Shengtai Yangji Jishu

出 版 人：严奉强

责任编辑：区燕宜

封面设计：柳国雄

责任校对：李云柯　吴玉婷

责任印制：彭海波

出版发行：广东科技出版社

　　　　　（广州市环市东路水荫路11号　邮政编码：510075）

销售热线：020-37607413

https://www.gdstp.com.cn

E-mail：gdkjbw@nfcb.com.cn

经　　销：广东新华发行集团股份有限公司

排　　版：创溢文化

印　　刷：广州市东盛彩印有限公司

　　　　　（广州市增城区新塘镇上邵村第四社企岗厂房A1　邮政编码：510700）

规　　格：889 mm×1 194 mm　1/32　印张5　字数120千

版　　次：2025年1月第1版

　　　　　2025年1月第1次印刷

定　　价：25.00元

如发现因印装质量问题影响阅读，请与广东科技出版社印制室
联系调换（电话：020-37607272）。

《农户生态养鸡技术》
编委会

编写单位：仲恺农业工程学院

主　　编：李婉雁

副 主 编：田允波　许丹宁　黄运茂

　　　　　李冰心　潘伟明

参编人员：沈　栩　李秀金　欧阳宏佳

　　　　　张续勐

第一章　鸡品种的选择

为了帮助广大养殖户选择适合当地自然条件、市场需求的鸡品种，本章将从鸡品种的不同经济类型方面对部分知名的国内地方鸡品种、国外引进鸡品种和近年来培育的优秀鸡品种进行介绍。鸡品种按主要的经济类型可分为肉用型、蛋用型、肉蛋兼用型及用于其他用途的品种，如药用、观赏等。肉用型鸡具有生长速度快、胸腿部肌肉发育好等特点，常称为快大鸡；蛋用型鸡多为产蛋量较高，或蛋壳具有特殊的颜色；肉蛋兼用型鸡则兼具产肉和产蛋的优秀性能；还有部分鸡品种是近年来我国育种工作者将当地鸡品种与外来鸡品种进行不同程度的杂交改良而培育出的优质新品系，综合了外来肉鸡品种生长速度较快、产蛋性能好和我国地方鸡品种肉蛋品质较好的优点，在保持地方鸡品种特点的同时，兼具较好的繁殖性能和经济价值。以下列出了部分优秀鸡品种，供广大养殖户参考。

一、肉用型品种

（一）地方品种

1. 武定鸡

武定鸡原产于云南楚雄彝族自治州的武定，素以体大、肉嫩、骨酥、皮脆、味道鲜美而著称。其羽毛蓬松，体型高大，骨骼粗壮，腿粗，脚胫较长，肌肉发达，体躯宽而深，头尾昂扬，步态有力。成年公鸡羽毛多呈赤红色，有光泽。成年母鸡的翼羽、尾羽全黑，躯体披有新月形条纹的花白羽毛。武定鸡羽毛生长缓慢，4～5月龄、体重1千克左右时才出现尾羽，有"光秃秃鸡"之称。一般

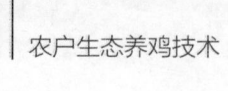

3～5个月出栏，成年公鸡体重为2～4千克，母鸡体重为2～3千克，阉鸡体重为2～5千克。开产日龄平均为180天，年产蛋90～130枚，平均蛋重约50克，蛋壳呈浅褐色。

2. 桃源鸡

桃源鸡原产于湖南常德桃源。其体型高大，体质结实，胸较宽，背稍长；喙坚实呈黑褐色；单冠直立，大而肥厚且呈红色，冠齿5～8个；眼大有神但稍凹陷；肤色以白为主，极少数呈黑灰色；胫较长，黑而透明。公鸡体羽呈金黄色，尾羽呈黑色。母鸡体羽以麻黄色为主。成年公鸡体重为3.5～4千克，母鸡体重为2.8～3.2千克。开产日龄平均为195天，年产蛋110～150枚，平均蛋重53～54克，蛋壳呈浅褐色。

3. 清远麻鸡

清远麻鸡原产于广东清远，又名清远走地鸡。因母鸡背侧羽毛有细小的黑色斑点，故称麻鸡。它以体型小、皮下和肌间脂肪发达、皮薄骨软而著称，为我国活鸡出口量领先的小型肉用鸡品种之一。清远麻鸡的体型特征可概括为"一楔、二细、三麻身"。"一楔"指母鸡体型为楔形，前躯紧凑，后躯圆大；"二细"指鸡只头细、脚细；"三麻身"指母鸡背面羽毛主要有麻黄、麻棕、麻褐3种颜色。成年公鸡体重平均为2.18千克，母鸡体重平均为1.75千克。年产蛋70～80枚，平均蛋重约46.6克，蛋壳呈浅褐色。

4. 杏花鸡

杏花鸡又称"米仔鸡"，原产于广东肇庆封开，属于小型肉用鸡种。其外貌特征可概括为"两细（头细、脚细）、三黄（羽毛黄、爪黄、喙黄）、三短"（颈短、体躯短、脚短）。雏鸡以"三黄"为主要特征，全身绒羽呈淡黄色。公鸡头大，冠大直立，冠、耳叶及肉垂鲜红色，虹彩橙黄色，羽毛黄色略带金红色，主翼羽和尾羽有黑色，脚黄色。母鸡头小，喙短而黄，单冠，冠、耳叶及肉垂红色，虹彩橙黄色，体羽黄色或浅黄色，颈基部羽多有黑斑点，主、副翼羽的内侧多为黑色，尾羽多数有几根黑羽。一般150日龄左右出栏，成年公鸡体重约为1.95千克，母鸡约为1.59千克。年平均产蛋约95枚，平均蛋重约45克，蛋壳呈褐色。

5. 惠阳胡须鸡

惠阳胡须鸡，原产于广东惠州惠阳，因颌下有张开的羽毛状似胡须而得名，又名三黄胡须鸡、龙岗鸡、龙门鸡、惠州鸡，是我国比较突出的优良地方肉用鸡品种，与杏花鸡、清远麻鸡一起被誉为"广东三大出口名鸡"。其具有种群大、分布广、胸肌发达、早熟易肥、肉质特佳等特征而成为我国活鸡出口量大、经济价值较高的传统商品。惠阳胡须鸡15周龄公鸡体重平均为1.41千克，母鸡体重平均为1.015千克。惠阳胡须鸡的产蛋性能明显受到当地环境条件、气温、日粮蛋白质与能量水平、饲养方式、就巢性及腹脂等的影响。即使在较好的条件下，全年平均产蛋率也仅在28%左右。在农家以喂稻谷为主，配合自由放养及母鸡自然孵化与育雏的饲养方式，其年产蛋为45～55枚。在改善饲养管理的条件下，年平均产蛋可达108枚，平均蛋重为45.8克，蛋壳主要为浅褐色。

6. 河田鸡

河田鸡因主产于福建长汀河田而得名，是福建传统家禽良种、《中国家禽品种志》收录的全国8个肉鸡地方品种之一。河田鸡是经过长期人工选择形成的一个地方品种，以稻谷、玉米等粗粮为主要食物，适合在果园、竹山、松林等纯天然的环境中放养。河田鸡肌肉的蛋白质含量丰富、脂肪量适宜；肉质细嫩、皮薄肉脆；嘴、脚、皮呈黄色，颈、翅膀和尾巴的羽毛呈黑色，其他地方的羽毛金黄发亮；具有较高的营养价值。河田鸡一般100～160天出栏，成年公鸡体重约为1.73千克，母鸡体重约为1.21千克。开产日龄平均为180天，年产蛋100枚左右，平均蛋重约43克，蛋壳以浅褐色为主，少数为灰白色。

7. 霞烟鸡

霞烟鸡因原产于广西容县石赛乡下烟村而得名，是"三黄鸡"中的一个品种，除具有黄脚、黄嘴、黄毛的特点以外，每只鸡脚底都

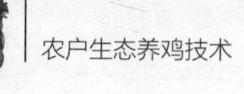

有一个肉蹄。其体躯短圆，腹部丰满，胸宽、胸深与骨盆宽三者长度相近；羽毛、喙及脚胫呈黄色；单冠直立，颜色鲜红；肉垂、耳叶均为鲜红色；虹彩橘红色；喙基部深褐色，喙尖浅黄色；胫黄色或白色；皮肤黄色或白色。公鸡羽毛呈黄红色，颈羽颜色较胸背羽为深，主、副翼羽带黑斑或白斑，有些公鸡鞍羽和镰羽有极浅的横斑纹，尾羽不发达，性成熟公鸡的腹部皮肤多呈红色，母鸡羽毛呈黄色。成年公鸡体重约为2.5千克，母鸡体重约为1.8千克。开产日龄为170～180天，年产蛋140～150枚，平均蛋重约44克，蛋壳呈浅褐色。

8. 溧阳鸡

溧阳鸡原产于江苏常州溧阳。其体形大，具有脚粗、胸宽、肌肉丰满、适应性强、觅食力强、宜放牧饲养、肉质鲜美和繁殖性能较高等特点，瞳孔为黑色，虹彩黄红色，喙大并呈橘黄色。公鸡羽毛为黄色或橘黄色，主翼羽有全黑色与半黑半黄色之分，副主翼羽为黄色或半黑半黄色，主尾羽黑色，胸羽、颈羽、鞍羽都呈金黄色或橘黄色，有的羽毛有黑边。母鸡羽色绝大部分为草黄色，有少数为麻黄色。公鸡单冠直立，冠齿有5～7个，齿刻深，肉垂及耳叶长、大，呈鲜红色。母鸡单冠，有直立、倒冠之分，眼大。成年公鸡体重为3.6～4.3千克，母鸡体重为2.45～2.95千克。溧阳鸡的开产日龄为152～165天，500日龄产蛋数为132～155枚，平均蛋重为52～61克，蛋壳呈土黄色。

（二）引入品种

1. 爱拔益加肉鸡

爱拔益加肉鸡又称AA肉鸡，是美国培育的四系配套白羽肉鸡品种，四系均为白洛克型，羽毛均为白色，单冠。该品种具有生产性能稳定、增重快、产肉率高、成活率高、饲料报酬高、抗逆性强等优良特点，有肉鸡之王的美誉。父母代鸡全群平均成活率约90%，入舍母鸡66周龄产蛋约193枚、产种蛋约185枚、产健雏约159只，种蛋受精率约94%，入孵种蛋平均孵化率约80%。商品代肉鸡一般40～60天出栏。爱拔益加肉鸡可在全国绝大部分地区饲养，适宜集约化鸡场、规模化鸡场、专业户和农户等饲养。

2. 艾维茵白羽肉鸡

艾维茵白羽肉鸡是美国育成的肉鸡品种，祖代种鸡采用四系配套制种方式，父本A、B两系体重大，体躯宽而深，胸腿部肌肉发达，属于白科尼什肉鸡体型；母本C、D两系体型中等，体躯紧凑、丰满，羽毛较紧密。我国从1987年开始引进，目前在全国大部分省（自治区、直辖市）建有祖代和父母代种鸡场，是白羽肉鸡中饲养量较多的品种。艾维茵肉鸡为显性白羽肉鸡，胸宽、腿短、黄皮肤，具有胸腿部肌肉发达、增重快、成活率高、饲料报酬高等优良特点，一般出栏时间为42～45天。

3. 哈巴德肉鸡

哈巴德肉鸡是法国育成的白羽配套系肉鸡品种，我国自1980年引入以来一直在局部地区推广。该品种胸肌发达，不仅生长速度快，而且具有伴性遗传，能根据快慢羽自别雌雄。出壳时雏鸡主翼羽与覆主翼羽长度相等，之后若主翼羽短于覆主翼羽为公雏，长于覆主翼羽为母雏。父母代种鸡，入舍母鸡产蛋数约180枚，种蛋孵化率约84%，蛋壳呈褐色。

4. 狄高肉鸡

狄高肉鸡又名特格尔肉鸡，由澳大利亚培育而成，于1982年引入我国南方。狄高肉鸡的种鸡母系只有1个，羽毛为浅褐色；种公鸡有2个品系，分别是TM70银灰色羽，TR83黄色羽或其他有色羽。商品代肉鸡6周龄平均体重约为1.88千克，料肉比约1.87∶1；7周龄母鸡活重约2.12千克，公鸡约2.5千克。TR83商品代肉鸡6周龄平均体重约为1.84千克，料肉比约1.91∶1；7周龄母鸡活重约为2.04千克，公鸡体重约为2.4千克。平均出栏时间为49天。

5. 彼德逊白羽肉鸡

彼德逊白羽肉鸡是美国培育的四系配套杂交白羽肉鸡品种，于1989年引入我国。该品种6周龄体重可达1.64千克，料肉比约

1.85：1；7周龄体重约为1.95千克，料肉比约1.99：1；8周龄体重约为2.31千克，料肉比约2.12：1。父母代种母鸡24周龄体重为2.57~2.68千克。平均出栏时间为45天。

6. 高步肉鸡

高步肉鸡又名科布肉鸡，是美国培育的肉鸡品种；有高步100和高步500品系。商品代雏鸡能从羽色鉴别雌雄，准确率在98%以上。该品种肉仔鸡49天平均体重为2~2.1千克，料肉比约2：1。1978年，我国北京等地首先引进高步肉鸡父母代饲养，其生产性能比较高且稳定。

7. 明星肉鸡

明星肉鸡又称伊沙费迪特肉鸡，是法国培育的四系配套白羽杂交肉鸡品种。父母代种母鸡22周龄体重约1.86千克，入舍母鸡64周龄平均累计产蛋约166枚、平均累计提供肉用仔鸡初生雏约133只。在选育过程中引入了矮小基因，与传统肉鸡相比，其成年鸡体型缩小约30%；饲料消耗降低20%左右，每只母鸡节省饲料12千克左右；饲养密度提高约30%；具有较好的生产性能和较高的成活率及经济价值。

8. 罗曼肉鸡

罗曼肉鸡是德国培育的配套系白羽肉鸡品种。父母代种鸡平均开产日龄约182天，开产体重为2.52~2.68千克；30~31周龄达产蛋高峰，高峰产蛋率约81%；64周龄入舍母鸡平均产蛋约164枚，平均产合格种蛋155枚，平均产健雏约131只。

9. 海布罗肉鸡

海布罗肉鸡是荷兰育成的四系配套肉鸡品种。育成期1~20周龄，死淘率约6%，20周龄体重约为1.94千克。入舍母鸡总耗饲料量约9.6千克，产蛋期20~64周，平均产蛋约171枚，其中可孵种蛋约160枚，入孵种蛋平均孵化率约84.2%，产雏约135只。

（三）培育品种

1. 新浦东鸡

新浦东鸡是由上海市农业科学院畜牧兽医研究所主持研究并育成的黄羽肉鸡品种，以浦东鸡为母本，分别与白洛克鸡、红科尼什鸡进行杂交育种。在历年的选育进程中，由于着重保留浦东鸡的特色，故其外貌与原来无多大变化，但体躯较长而宽，胫部略粗短且无胫羽，其体型更接近于肉用型。新浦东鸡的开产日龄平均约为184天，达50%产蛋率的平均日龄约为197.8天，入舍母鸡300日龄产蛋平均约78枚，500日龄平均约163枚，年产蛋平均约177枚，蛋壳呈浅褐色，平均出栏时间为120天。

2. 海红黄鸡

海红黄鸡是江苏省家禽研究所于1965—1972年育成的黄羽肉鸡新品种，先后以海启鸡（即江苏海门和启东的地方鸡种）与新汉夏公鸡、红科尼什公鸡杂交。海红黄鸡体型偏肉用型，全身羽毛棕黄色，颈羽和尾羽略有黑斑；单冠；喙、胫、皮肤均为黄色。开产日龄平均为180天，开产体重平均为2.3千克，500日龄平均产蛋144枚，平均蛋重约56克。

3. 苏禽黄鸡

苏禽黄鸡是江苏省家禽科学研究所培育成的优质黄鸡品种，为满足不同区域、不同市场对黄鸡的消费需求，培育了苏禽黄鸡快大型、优质型、青脚型3个配套系。快大型苏禽黄鸡：集黄鸡特点于一体，羽毛呈黄色，颈、翅、尾间有黑羽，羽毛生长速度快，父母代产蛋较多，入舍母鸡68周龄平均所产种蛋可孵出雏鸡达142只；优质型苏禽黄鸡：生长速度快，羽毛呈麻色，似土种鸡，肉质优，适合对商品鸡有要求（40多天上市、体重在1千克左右）的饲养户养殖；青脚型苏禽黄鸡：以我国地方鸡种为亲本血缘，分别选育、配套而成，其羽毛呈麻黄色或黄色，脚青色，生长速度中等，肉质风味特优，是典型的仿土种鸡品系。

4. 石岐杂鸡

石岐杂鸡是香港有关部门将广东惠阳鸡、清远麻鸡和石岐鸡与引进的新汉夏鸡、白洛克鸡、科尼什鸡等外来鸡品种杂交改良而育成。其肉质与惠阳鸡相仿，但生长速度和产蛋性能比上述3个地方的鸡品种好。石岐杂鸡于1979年引入深圳，在广东省内外一些鸡场扩大饲养，已成为广东向各地出口黄鸡的主要鸡种。石岐杂鸡具有三黄鸡黄毛、黄皮、黄脚，短脚、圆身、薄皮、细骨、肉厚、味浓等特征。母鸡年产蛋120～140枚，母鸡饲养至110～120天体重在1.75千克以上，公鸡体重在2千克以上，全期料肉比3.2∶1～3.4∶1。石岐杂鸡具有耐粗饲、耐热、耐潮湿，以及抗病力强的优点，属于中型肉用种鸡。

5. 粤黄鸡

粤黄鸡是华南农业大学和广东省家禽科学研究所合作选育的优质黄羽肉用种鸡品种。其羽毛和主要经济性状的遗传性能较为稳定，是优质黄羽肉鸡配套利用较理想的品系之一，也是黄羽肉鸡的种质资源。粤黄鸡体型为肉用型，具备"三黄"特征，年产蛋约100枚。在大群生产条件下，每只母鸡年产蛋85枚，平均蛋重51.1克。商品代90日龄公鸡平均活重约为1.41千克，母鸡平均活重约为1.17千克。

6. 岭南黄鸡

岭南黄鸡是广东省农业科学院畜牧研究所培育的黄羽肉鸡新品种。主要配套系有：1号中速型、2号快大型、3号优质型配套系。岭南黄鸡1号配套系父母代种鸡23周龄开产，开产体重约1.6千克，商品代公鸡45日龄体重约1.58千克，母鸡体重约1.35千克，平均料肉比约2∶1。岭南黄鸡2号配套系父母代种鸡24周龄开产，开产体重约2.35千克，商品代公鸡42日龄体重约为1.53千克，母鸡体重约为1.28千克，平均料肉比约1.83∶1，岭南黄鸡3号配套系父母代种鸡21周龄开产，开产体重约为1.1千克，商品代公鸡80～90日龄体重为1.15～1.25千克，料肉比2.7～3.0∶1，母鸡110～120日龄体重为1.25～1.35千克，平均料肉比3.9～4.2：1。

7. 江村黄鸡

江村黄鸡是利用几个不同产地的石岐杂鸡与地方种鸡杂交、经家系选育而成的新品种。江村黄鸡分为JH-1号特优质鸡、JH-2号快大型鸡、JH-3号中速型鸡。其特点是鸡冠鲜红直立，嘴黄而短，全身羽毛金黄，被毛坚实，身体短而宽，肌肉发达，肉质细嫩，味道鲜美，皮下脂肪特佳。江村黄鸡抗逆性好，饲料转化率高，既适合大规模集约化饲养，也适合小群放养。

8. 康达尔黄鸡

康达尔黄鸡兼有地方品种三黄鸡肉质滑嫩、口味鲜美的特点及其他品种肉鸡增重较快、胸肌发达、早熟、脚矮、抗病力强等优点，是广东出口量较大的鸡种之一，父母代呈麻黄羽，初产日龄约150天，全年可产蛋约175枚，可提供商品代鸡约130只。

9. 长沙黄鸡

长沙黄鸡具有"三黄"特征，羽毛、脚、喙均为黄色，生产性能优良，70日龄平均体重为1.45千克，料肉比2.6：1；90日龄平均体重为1.7千克，料肉比3.1：1。成年公鸡体重为3～3.5千克，母鸡体重为2～2.5千克。

二、蛋用型品种

（一）地方品种

1. 仙居鸡

仙居鸡是中国优良的小型蛋用地方鸡品种。其全身羽毛紧密，公鸡颈羽呈金黄色，主翼羽红色夹杂黑色，尾羽为黑色，母鸡主翼羽呈半黄半黑色，尾羽为黑色，颈羽夹杂斑点状黑灰色；喙为黄色；单冠；胫、爪呈黄色，无羽毛。在一般的饲养管理条件下，成年公鸡体重为1.25～1.5千克，母鸡体重为1～1.25千克，年产蛋200

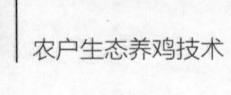

枚以上，平均蛋重约42克。

2. 白耳黄鸡

白耳黄鸡为我国稀有的白耳蛋用早熟鸡品种。其以"三黄一白"的外貌特征为标准，即黄羽、黄喙、黄脚，白耳。成年公鸡体重为1.5～1.8千克，母鸡体重为1.3～1.5千克，开产日龄平均为150天，年产蛋180～200枚，蛋重为53～55克，蛋壳呈深褐色。

（二）引入品种

1. 罗曼白壳蛋鸡

罗曼白壳商品代鸡0～20周龄育成率为96%～98%；20周龄体重为1.3～1.35千克；150～155日龄产蛋率达50%，高峰产蛋率达92%～94%，72周龄年产蛋290～300枚，平均蛋重62～63克，产蛋期存活率94%～96%，开产日龄为21～23周。

2. 海兰白壳蛋鸡

海兰白壳蛋鸡目前在全国有多个祖代或父母代种鸡场，是白壳蛋鸡中饲养较多的品种之一。产蛋期（至80周）高峰产蛋率达93%～94%，达50%产蛋率的天数约为155天，入舍母鸡产蛋数至60周龄为230～237枚、至80周龄为330～339枚，平均蛋重32周龄约58克、70周龄约63克，开产日龄约为140天。海兰白壳蛋鸡可在全国绝大部分地区饲养，适合集约化鸡场、规模化鸡场、专业户和农户饲养。

3. 星杂288蛋鸡

星杂288蛋鸡具有成活率高、体型小、耗料少、早熟、产蛋多等优点。母鸡年产蛋270～290枚，开产日龄约为160天，料蛋转化比2.3～2.5∶1，平均蛋重为60.5～62.5克。

4. 罗曼褐壳蛋鸡

罗曼褐壳蛋鸡具有生长发育快、性成熟早、产蛋性能优良、饲料报酬高、适应性强等优点，适合各地集约化、工厂化蛋鸡生产和农村专业户养殖。其产蛋高峰期为28～32周龄，每只入舍母鸡到68周龄产蛋250～260枚，到72周龄产蛋265～275枚，平均孵化率为81%～83%。母鸡20周龄体重为1.5～1.6千克，产蛋末期为2.2～2.4千克。母鸡育成期存活率为97%～98%，产蛋期存活率为94%～96%。

5. 海兰褐壳蛋鸡

海兰褐壳蛋鸡在全国有多个祖代或父母代种鸡场，是褐壳蛋鸡中饲养较多的品种之一。其产蛋高峰可以持续到80周，产蛋率达94%～96%，入舍母鸡产蛋数至60周龄时为246枚，至74周龄时为317枚，至80周龄时为344枚，开产日龄为18～20周。海兰褐壳蛋鸡在全国很多地区都可饲养，适合集约化鸡场、规模化鸡场、专业户和农户饲养。

6. 迪卡红壳蛋鸡

迪卡红壳蛋鸡有世界著名高产优质蛋种鸡之称。其产蛋性能优良，开产日龄为20周龄，产蛋期长，父母代为48周，商品代为55周，父母代产蛋量72周约253枚，平均蛋重为63～64.5克，蛋壳呈棕红色，蛋黄是橘色，且色佳味美，饲料报酬高，料蛋比为2.58：1。

7. 海兰灰壳蛋鸡

海兰灰壳蛋鸡18周龄成活率约为98%，平均体重约为1.45千克，开产日龄155天，料蛋比为2.08：1，产蛋期存活率约93%。

8. 罗曼粉壳蛋鸡

罗曼粉壳蛋鸡父母代种鸡1～18周龄成活率达96%～98%，开产日龄为147～154天，高峰产蛋率达89%～92%；72周龄入舍母鸡产蛋266～276枚，产合格种蛋238～250枚。商品鸡开产日龄为140～150天，高峰产蛋率达92%～95%。

（三）培育品种

1. 绿壳蛋鸡

绿壳蛋鸡体型较小，产蛋性能较高，适应性强，羽毛全黑、乌

皮、乌骨、乌肉、乌内脏，喙、趾均为黑色。大群饲养的商品代，绿壳蛋比例为80%左右，但该品种抱窝性较强（15%左右），因而产蛋率较低。年产蛋160～180枚，开产日龄约为150天。

2. 滨白鸡

滨白鸡是蛋用型配套品系杂交鸡，体轻小，羽毛紧密，全身羽毛呈白色，单冠，冠大而鲜红。母鸡冠多倒向一侧，脸、肉垂红色，耳叶乳白色，喙、胫、趾和皮肤为黄色。滨白鸡性成熟早，产蛋量高，72周龄平均产蛋229枚，料蛋比为2.95：1，蛋大，平均蛋重约为60克，蛋的品质好，蛋壳结实，蛋壳呈白色，蛋型整齐。

3. 青岛白来航鸡

青岛白来航鸡体轻小、灵活、紧凑，冠和肉垂鲜红，全身羽毛呈白色，尾羽发达，喙、胫、趾和皮肤黄色。其性成熟期为160～180天，开产日龄约170天，蛋壳呈白色。

4. 京白鸡

京白鸡开产日龄约为160天，开产体重为1.27～1.37千克，72周龄入舍母鸡产蛋250～270枚，平均蛋重约58克，料蛋比2.4～2.5：1。

5. 新杨褐壳蛋鸡配套系

新杨褐壳蛋鸡配套系（伊利莎褐）是由四系配套组成，具有产蛋率高、成活率高、饲料报酬高和抗病力强的特点。母鸡开产日龄（按产蛋率50%计）为154～161天，高峰产蛋期为28～32周，72周龄入舍母鸡产蛋266～277枚。

三、肉蛋兼用型品种

（一）地方品种

1. 狼山鸡

狼山鸡是肉蛋兼用型鸡种之一，以产蛋多、蛋体大，体肥健壮、肉质鲜美而著称。成年公鸡体重为3.0～4.5千克，母鸡体重为2.0～3.5千克。种鸡300日龄产蛋量约为46.1枚，500日龄约为141枚，平均蛋重约为58.7克。

2. 大骨鸡

大骨鸡是以蛋大为突出特点的肉蛋兼用型地方鸡种。鸡只体大敦实，觅食力强，产蛋多且大，具有蛋壳厚而坚实、肉质鲜嫩等特点。成年公鸡体重约为2.9千克，母鸡体重约为2.3千克。母鸡开产日龄约213天，平均年产蛋约160枚，平均蛋重约63克，蛋壳呈深褐色。

3. 北京油鸡

北京油鸡是优良的肉蛋兼用型地方鸡种，具有凤头、毛腿和胡子嘴等特征，并具有肉质细致、肉味鲜美、蛋质优良、生命力强和遗传性稳定等特点。成年公鸡体重为2.0～2.1千克，母鸡体重为1.7～1.8千克。母鸡7月龄左右开产，有明显的就巢性。年产蛋约120枚，蛋重约54克，蛋壳呈淡褐色。

4. 浦东鸡

浦东鸡产于上海。成年公鸡体重约为3.55千克，母鸡体重约为2.84千克。母鸡开产日龄约208天，年产蛋约130枚，蛋重约58克，蛋壳呈浅褐色。

5. 寿光鸡

寿光鸡主要有大型和中型两种，还有少数是小型。寿光鸡的产蛋量和蛋重因类型不同所以有一定的差异。大型母鸡年产蛋90～100枚，蛋重为65～75克；中型母鸡年产蛋120～150枚，最高可达213枚，蛋重为60～65克，蛋壳呈红褐色。

6. 彭县黄鸡

彭县黄鸡肉质细嫩，产肉、产蛋性能均佳，是四川省优良鸡种之一。成年公鸡体重约为2.43千克，母鸡体重约为1.66千克。母鸡开产日龄（按产蛋率50%计）为216天。采取适当的醒抱措施，年产蛋140～150枚，平均蛋重53.52克，蛋壳呈浅褐色。

7. 固始鸡

固始鸡是中国著名的肉蛋兼用型地方优良鸡种，是国家重点保护畜禽品种之一。其具有耐粗饲、抗病力强、肉质细嫩以及产蛋多、蛋大壳厚、遗传性能稳定等特点。成年公鸡体重约为2.1千克，母鸡体重约为1.5千克。母鸡开产日龄约为180天，年产蛋130～200枚，平均蛋重约50克，蛋黄鲜红色。

8. 萧山鸡

萧山鸡又名"越鸡"，素以体大、味美著称，特点是早期生长较快，早熟，易肥，屠宰率高。母鸡开产日龄约为163.6天，开产体重约为1.75千克。年产蛋约132.5枚，平均蛋重约56克，蛋壳呈褐色。

9. 边鸡

边鸡体型中等，呈元宝形。成年公鸡体重约为1.8千克，母鸡体重约为1.5千克。母鸡一般8月龄开产，年产蛋约102枚，多者150～160枚，平均蛋重为66克，有的蛋重为70～80克，蛋壳多数为深褐色。

（二）引入品种

1. 洛岛红鸡

洛岛红鸡育成于美国，体躯中等，背长而平，产蛋和产肉性能均好。成年公鸡体重约为3.8千克，母鸡体重约为2.9千克。母鸡的性成熟期约180天，年产蛋200枚以上，蛋重为55～65克，蛋壳呈褐色，现代养禽业多用其作父本与其他肉蛋兼用型鸡或白来航鸡杂交，育成高产的褐壳商品蛋鸡。

2. 新汉夏鸡

新汉夏鸡育成于美国，1946年引入中国。体躯各部肌肉发达，体质强健，适应性强。成年公鸡体重为3.0～3.5千克，母鸡体重为2.5～3.0千克。母鸡年产蛋180～200枚，蛋重为56～60克，蛋壳呈褐色。

（三）培育品种

1. 郑州红鸡

郑州红鸡是以新汉夏鸡为父本，固始鸡为母本的后代。成年公鸡体重为3～4千克，母鸡体重为2.0～2.5千克。开产日龄约198天，年产蛋约158枚，蛋重约58.69克，蛋壳褐色。

2. 成都白鸡

成都白鸡成年公鸡体重为3.0～3.5千克，母鸡体重为2.2～2.5千克。500日龄年产蛋量145～150枚，母鸡年产蛋180～190枚，蛋重为55～56克，蛋壳呈浅褐色。

3. 新扬州鸡

新扬州鸡具有黄羽、黄喙、黄脚的"三黄"特征，并具有产蛋性能高、肉质鲜、生长速度快、生命力强等优点。成年公鸡体重约为1.85千克，母鸡体重约为1.4千克。母鸡平均开产日龄为182天，平均年产蛋约197枚，平均蛋重约56克，蛋壳呈褐色。

4. 新狼山鸡

新狼山鸡是新中国成立以后育成的第一个肉蛋兼用型品种。成年公鸡体重约为3.24千克，母鸡体重约为2.28千克。母鸡平均开产日龄约为196天。平均年产蛋约190枚，平均蛋重约57克，蛋壳呈深褐色。

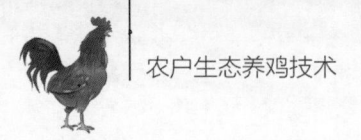

第二章　鸡场的建设及养鸡设备

　　鸡场的选址和建筑设计的细节是养殖户容易忽视的地方，如果规划不当，很有可能会造成鸡场环境失控，导致鸡的生长繁殖性能受到影响并引起疾病流行。此外，鸡场作为固定资产一般投资较大，不易改建，一旦建成会使用较长时间，因此应充分重视鸡场的建设和养鸡设备的设计等细节，做到鸡场建设合理化、科学化和标准化，为今后长远的发展奠定基础。鸡场的建设规模、机械化程度、生产经营方式与将要饲养的鸡群总量要根据投资的规模来确定，量力而行。

一、鸡场的建设

（一）场址的选择

　　鸡场的场址选择是鸡场建设的第一步，也是关键的步骤之一。鸡场位置的确定需要综合考虑多方因素，如周边环境、水电供应、防疫条件和交通便利性等。

1. 周边环境

　　远离城市、重工业企业和化工厂，避开居民小区；远离铁路、公路；远离其他畜禽生产、交易、加工和诊疗单位。鸡场与附近居民点的距离一般需500米以上，如果饲养种鸡，则鸡场与居民区的距离应更远；与其他畜禽场之间的距离，一般不少于500米，离大型畜禽场应不少于1 000米。种鸡场与商品代鸡场的距离不可太近，以免发生交叉感染。养鸡场与各种化工厂、畜禽产品加工厂、动物医院等的距离应不少于1 500米，而且不应将养鸡场设在这些设施的下风向区域。

2. 地势

鸡场应建在地势较高、排水便利、地面平坦或坡度平缓、通风较好、南向或偏东南向光照充足的地方；应远离沟渠、湿地、湖泊和山坳谷底，地形应开阔整齐，以便鸡场建筑布局和管理。丘陵地区建场，鸡场应建在阳面，鸡舍能得到充足的阳光，夏天通风良好，冬天能挡寒风，利于鸡的生长。

3. 土壤

在选择场址时要对所在地区地质和土壤情况进行详细了解，确保场地土壤没有传染病或寄生虫等病原体污染史，且土壤的渗水性和透气性良好，以保证场地干燥。建议鸡场选择建设在土质为砂质壤或壤土的地带，地下水位在地面以下1.5～2米。

4. 水源

在养鸡生产过程中需要使用大量清洁用水，如工人生活用水、饲养鸡饮用水等。因此，选址时应考虑有充足的水源，最好是有自来水或经检测能达到饮用标准的井水或水库水等地，并将鸡场建在水源地下游，以防水源污染。如使用井水和水库水，还要考虑枯水期能否保证正常供水。

5. 电力

在养鸡的生产过程中机器孵化、人工光照、强制通风和职工的日常生活都需要使用电能。因此在鸡场选址时要选择电网覆盖的地区，如无电网供电，应配备发电机，但自发电成本较高。

6. 防疫

卫生防疫条件的好坏是决定鸡场养殖成败的关键因素之一。养殖场地应有足够的卫生防疫间隔，不能建在容易造成环境污染的企业，如禽类屠宰厂、禽产品加工厂和化工厂等的下风向和污水流经处、货物运输道路必经处或附近。在养殖过程中产生的污物、污水不得成为周边环境的污染源。

7. 其他

鸡场的选址要考虑中长期政府的规划，不能将鸡场选在政府规划部门规划的项目红线内。

（二）环境规划与布局

鸡场规划的原则是在满足卫生防疫的条件下，根据所在地的地势、地形、气候条件和风向等因素进行规划。在考虑节约土地、满足当前生产需要的同时，还需预设将来改建、扩建的可能性。

1. 鸡场的环境规划

鸡场主要分管理区、生产区及隔离区等区域。分区应重点做好隔离、绿化和道路设计，减少疫情传播的风险和鸡场对周边环境的污染。另外各功能区应界限分明、联系方便，以提高生产效率。

（1）管理区。

管理区是鸡场经营管理和对外联系的厂区，应设在与外界联系方便的位置，包括行政和技术办公室、饲料加工及料库、车库、杂品库、更衣室、消毒室和洗澡间、配电房、水塔、职工宿舍和食堂等。管理区与生产区间要设大门、消毒池和消毒室。管理区设在场区常年主导风向上风处及地势较高处。由于鸡场的供销运输与外界联系频繁，容易传播疾病，故场外运输应严格与场内运输分开。负责场外运输的车辆严禁进入生产区，其车库也应设在管理区。管理区和生产区应加以隔离。外来人员限于在管理区活动，不得随意进入生产区。

（2）生产区。

生产区是鸡场的核心，因此在规划布局前应进行详细研究，需要考虑以下几点：①不同用途的鸡应各自设计单独的鸡舍，鸡舍之间需要设置一定的隔离措施，每个分场实行全进全出制，由于种雏和商品雏繁育代次不同，必须分群分养，以保证鸡群的质量。种鸡区应放在防疫上最优的位置，育雏、育成鸡舍位置也应优于成年鸡，且不同区的间距要大于本区鸡舍的间距。②鸡舍的布局应充分考虑主风向与地势，以保证防疫需要，建议按照以下顺序设置鸡舍（从上风向到下风向）：孵化室、幼雏舍、中雏舍、后备鸡舍和成鸡舍，这样可保证上风向的幼雏舍能得到新鲜空气，减少发病机会，同时也能避免由成鸡舍排出的污浊空气造成的可能的疫病传播。③孵化室与外界联系较多，宜建在靠近管理区的入口处，大型鸡场可单设孵化场，小型鸡场则应在孵化室周围设隔离障。④各区内的人员、车辆、设备和工具要限制在本区使用，但区间的规划需要便于联系。

（3）隔离区。

隔离区是防疫和环境控制工作的重点，建议设在场区下风向及地势较低处，且与其他区的间距不少于50米。隔离区主要包括隔离鸡舍，解剖、化验、处理等房舍和设施，粪便污水处理及贮存设施等。为防止相互污染，要有专门与外界接触的道路相通。贮粪场的设置既应考虑鸡粪便于由鸡舍运出，又便于运到田间施用。病鸡隔离舍应尽可能与外界隔绝，且需设立隔离障。病鸡隔离舍及处理病死鸡的尸坑或焚尸炉等设施，应距鸡舍300～500米。场区内设净道和污道，污道与后门相连，两者严格分开，不得交叉混用。

（4）道路。

生产区的道路应设置净道和污道，并分开规划，以利于卫生防疫。净道用于与生产销售有关的物资运输，如饲料、商品鸡、蛋等；污道用于运送粪便、污水、垃圾、病死鸡等。管理区与隔离区应分别设置与场外相通的道路，生产区的道路不能与场外相通。生产区道路最好全部硬化，道路宽度根据用途和车宽决定，需考虑回车道、回车半径及转弯半径。道路两侧应留绿化和排水明沟位置。

（5）排水。

建设排水设施是为了保持鸡场的干燥卫生，排出雨雪水等。排水设施一般设立在道路一侧或两边，使用明沟，可用砖石或夯土做成梯形、三角形断面，并进行适当的加固。如果鸡场场地具有一定的坡度，也可进行自由排水，但不应与鸡舍内排水系统通用。此外，隔离区要单独设置通往场外污水处理设施的下水道。

（6）场区绿化。

场区绿化是鸡场规划建设的重要内容，要结合区与区之间、舍与舍之间的距离、遮阴及防风等需要进行设计。可选当地实际种植的，能美化环境、净化空气的树木和花草，但不宜种植有毒、有飞絮的植物。在进行鸡场规划时一般可配置防风林、隔离林、行道绿化、遮阳绿化和绿地绿化等。防风林应设在主风向的上风向，沿围墙内外设置，考虑落叶树和常绿树、高矮树种搭配，设置较大的密度；隔离林应设在各区之间和围墙内外，应选择树干较粗和树冠较大的树种；行道绿化主要位于道路和排水沟两侧，对路面有遮阳作用，对排水沟有防护作用；遮阳绿化主要为鸡舍的屋顶、门窗和墙等遮阳，建议设置在鸡舍的朝阳面；绿地绿化是指除上述绿化之外的，在鸡场内地面进行的绿化，除一般的树木花草外，也可种植有一定饲用或经济价值的植物，但一些规模较大的种禽场为了防疫需要，避免因其他鸟类栖息使病原微生物通过鸟粪等排泄物在场内传播，所以规定在生产区内不种植树木。

以下为常见的鸡场布局图（图1）：

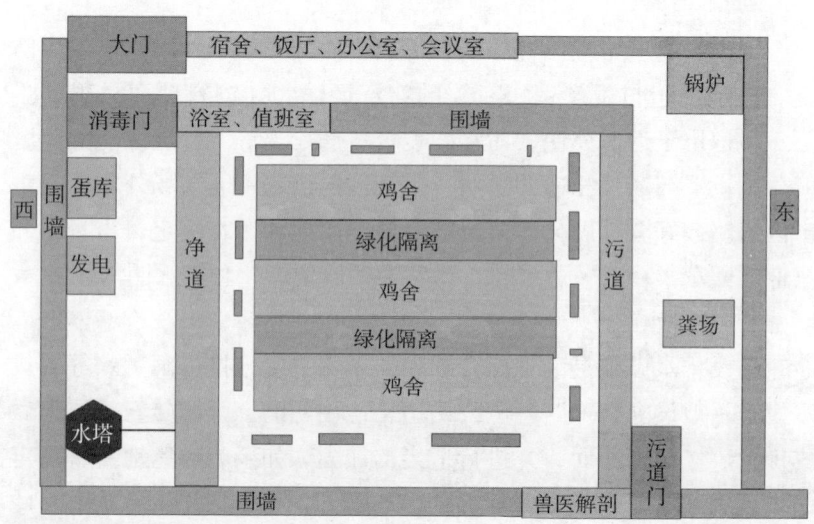

图1　鸡场布局

2. 鸡舍的布局

（1）鸡舍的朝向。

鸡舍朝向的设计需考虑光照和风向，建议使用南北方向布局，可以适当偏东或偏西10°～30°，并保持鸡舍纵向的轴线与当地常年主风向的角度呈30°～60°。相邻两鸡舍纵向墙之间的距离一般为10～20米。

（2）鸡舍的排列。

鸡舍排列会影响到场区的通风，采光，建筑物、道路和管线的联系与利用等，所以需要进行一定的设计以达到最优的生产效果。比如鸡舍不宜相交排列，应平行整齐呈锯齿状排列，且排列要根据场舍的实际条件，比如地形等来设计鸡舍的数量和长度，并根据上述信息分为单列、双列或多列式排布。生产区则应考虑减少饲料和粪便污水的运输距离，便于饲养管理工作，同时，可减少管线道路的消耗，因此建议避免狭长的布局，可考虑方形或近似方形的布局。

（3）鸡舍的间距。

鸡舍间距除了要考虑光照和风向外，还需考虑防疫、消防和用地等方面，此外不同的地方还需因地制宜进行适当的调整。为了达到防疫要求，一般开放式鸡舍间距应为檐高的5倍，封闭式鸡舍一般为檐高的3倍。此外应考虑南排鸡舍在冬季不遮挡北排鸡舍的日照，即要求在冬至日上午9时至下午3时这6个小时内，南、北两排鸡舍间距不小于南排鸡舍的阴影长度。因此从北到南，黑龙江地区鸡舍间隔大约为前排鸡舍高的3.7倍，北京地区约为2.5倍，江苏地区为1.5～2倍，越往南间距越逐渐减少。鸡舍采用自然通风，一般鸡舍间距取舍高的3～5倍时，可满足下风向鸡舍的通风需要。鸡舍如采用横向机械通风，由于需考虑防疫需求，间距不应低于舍高的3倍；如采用纵向机械通风，间距可缩小到1～1.5倍。鸡舍建设的主要材料一般为砖块、混凝土或木材，耐火等级为二级或三级，所以防火间距应为8～10米。因此，在鸡舍间距为鸡舍高度的3～5倍时，基本可以

同时满足光照、风向、防疫和消防等的要求。

以下为常见的鸡舍布局图（图2）：

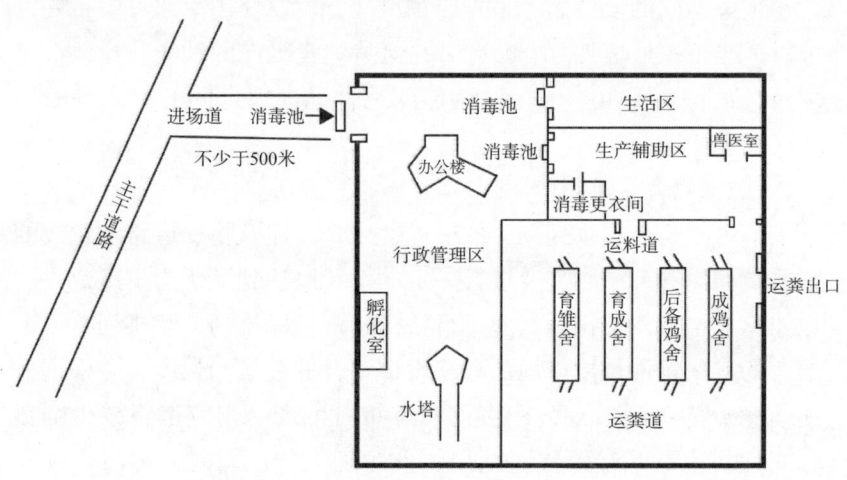

图2　鸡舍布局

（三）鸡舍的建筑要求

对于养殖户，尤其是规模化养殖户来说，鸡舍一般优先考虑建造永久性建筑，因此较好的前期规划和笼舍设计尤为重要。

1. 鸡舍设计需要考虑的问题

鸡舍的设计应根据鸡群不同阶段的饲养要求来决定，一般应从温度、光照、通风等方面来考虑。雏鸡体质弱，保暖性能差，需要光照时间长，成年鸡调节体温能力强，需要通风。

（1）通风。

通风是鸡舍设计中必须重视的一点，因为通风可以帮助引入新鲜空气，排出养殖过程中产生的硫化氢、氨气等有害气体，起到调节鸡舍环境的作用。通风方式一般分为自然通风和机械通风两种。

自然通风主要依靠自然风和舍内外温差形成的空气自然流动。设计时需考虑建筑朝向、进风口高度、内部设施布置等，并与鸡舍的建筑设计协调，在保障通风的同时，便于采光、防疫和消防等措施的实施。自然通风方式的鸡舍跨度应不超过9米，为避免有风时抵消温差作用，应在主风向的迎风面下方设置进气口，背风面的上方设置排气口。

机械通风有正压通风和负压通风两种方式。正压通风是利用通风机强制将外界新鲜空气引入鸡舍内，舍内压力高于外界气压，从而使舍内的空气排出舍外；负压通风则是利用通风机强制将鸡舍内的空气排到舍外，从而使鸡舍内气压低于外界大气压形成负压，可使舍外空气自行通过进风口进入鸡舍。机械通风方式管理方便，投资较少，且进入舍内的风速较慢，鸡体感较为舒适。纵向通风方式由于可以避免横向通风风速小、死角多的缺点，目前应用较多。纵向通风的设计思路是：排风机集中于鸡舍污道端的墙或者附近两侧的墙上，进风口则位于净道端的墙或附近两侧的墙上，鸡舍其他的门窗关闭，从而使进入鸡舍的空气沿着鸡舍的纵轴流动，并通过排风机将污染的空气排出舍外。通风量需要按照夏季鸡舍最大通风量设计，并搭配大小风机以适应不同季节的通风量变化。如果鸡舍纵向过长，为了保证鸡舍内的通风均匀，可以在中间两侧墙上增加进风口。

下图为鸡舍纵向通风的空气流动情况（图3）：

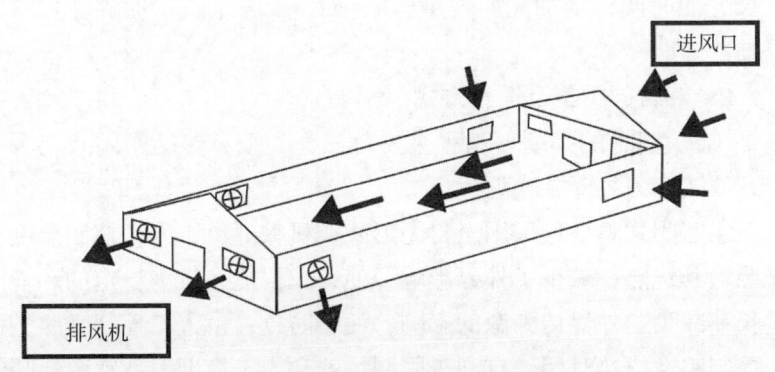

图3　纵向通风的鸡舍空气流动情况

（2）控温。

控温主要包括升温和降温两种，升温的设备主要有燃煤热风

炉、暖气、电热育雏器等。无论使用何种升温方式，主要是为了保证鸡舍生活区域的温度舒适，此外为了保证地面温度能达到规定要求，宜铺上干燥柔软的垫料。而在夏季气温较高的时候，为了减少高温导致的鸡体重下降、饲料报酬低等热应激反应，建议鸡舍采用保温隔热的材料建设，并适当降低温度。降温常用的是湿帘降温法，有条件的地方如果用深水井的水浸泡湿帘，可以使鸡舍内的温度下降6～14℃。

（3）光照。

光照的波长、强度、时长都会影响鸡的生长、生产和繁殖机能，因此光照在鸡舍设计中也是重要的考虑因素。一方面需要结合自然光照和人工光照，另一方面也需要使得整个鸡舍采光均匀，否则会影响鸡群生长的均匀度。由于自然光照取决于窗户的面积，但这也与鸡舍的保温、防辐射及通风相矛盾，因此需要综合考虑确定。人工光照可弥补自然光照的缺点，并通过鸡的需求和季节变化对光照进行时间控制，以达到家禽的最佳生产性能。建议的人工光照强度：肉鸡育雏期前两周光照2～3瓦/平方米，以后0.75瓦/平方米；蛋鸡育雏期同肉鸡，育成期降为1～1.3瓦/平方米，18～20周龄延长光照时间，增加光照强度至4～5瓦/平方米，以促进产蛋量的提高。

2. 鸡舍的类型及饲养方式

（1）鸡舍的类型。鸡舍主要分三种类型，包括密闭式鸡舍、半开放式鸡舍、开放式鸡舍。

①密闭式鸡舍：采用全封闭形式，机械通风，人工控制温度和光照。其优点：减少了外界影响，使得鸡群能在较为稳定的环境中生长；减少了外界传染源的影响，便于防疫；由人工控制光照，便于控制鸡性成熟时间，有利于限制饲养和人工换羽等；鸡舍保暖性能较好，能耗较低，饲料报酬高。缺点：投资大，耗电多。

②半开放式鸡舍：采用自然光照和人工光照、自然通风和机械通风相结合的方式。半开放式平养鸡舍适用于饲养育成鸡，舍内采

用铁丝网隔成小间；半开放式笼养鸡舍适用于饲养人工授精的种鸡和产蛋鸡。

③开放式鸡舍：有顶棚，四周开放或建有墙，采用自然通风和自然光照，虽然投资少，但受自然因素影响大，且不利于防疫，一般规模化养殖户不建议采用。

（2）鸡的饲养方式。

鸡的饲养方式分为平养和笼养两种。平养指鸡在一个平面上活动，又细分为落地散养和网上平养。平养鸡舍的饲养密度小，建筑面积大，投资相对较高，我国饲养肉鸡一般使用这种鸡舍。笼养则可较充分地利用鸡舍空间，饲养密度较大，投资相对较少，且管理方便，又由于鸡不接触粪便，从而减少疫病感染。平养鸡舍，按鸡群围栏和管理通道的组合分布，可分为无走道平养鸡舍、单列单走道鸡舍、双列单走道鸡舍、双列双走道鸡舍和四列双走道鸡舍等。笼养鸡舍根据组合形式分为全阶梯、半阶梯、叠层式、复合式和平置式鸡舍，我国大部分采用前三种。全阶梯和半阶梯鸡舍一般为2～3层，叠层式自动操作的鸡舍最高可以达到8层。鸡笼的排列形式根据鸡舍的跨度、鸡笼层数和机械化程度分为一整列两半列两走道、两整列三走道、两整列两半列三走道、三整列四走道和四整列五走道等形式。

3. 鸡舍的建造

（1）饲养密度设计。

饲养密度取决于饲养鸡的品种、生长阶段和饲养方式等。如轻型蛋种鸡公鸡与母鸡在育雏期（平养）、育成期（平养）和产蛋期（笼养）的饲养密度建议依次为：10.8、6.3和20只/平方米（公鸡）；12.7、6.3和28只/平方米（母鸡）。中型蛋种鸡公鸡与母鸡在育雏期（平养）、育成期（平养）和产蛋期（笼养）的饲养密度建议依次为：8.6、5.0和18只/平方米（公鸡）；10.8、5.6和25只/平方米（母鸡）。肉鸡饲养方面，在保证鸡正常生长的情况下，尽量按高密度饲养，以获得最高的产肉量。预计体重为1.4千克，密度

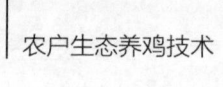

约27.9只/平方米；体重为1.8千克，密度约13.5只/平方米；体重为2.3千克，密度约10.5只/平方米；体重为2.7千克，密度约8.3只/平方米；体重为3.2千克，密度约6.3只/平方米。

（2）建筑材料。

鸡舍建筑材料总体要求保温、隔热、防火和耐用，宜选用导热系数小，蓄热系数大，容重小，具有较好的防火性和抗冻性，吸水吸湿性强，透水性小，耐水性强，具有一定的强度、硬度、韧性和耐磨性的材料建造，因此以砖为宜。

（3）鸡舍结构的一般要求。

根据当地气候特点设置鸡舍墙面厚度，如果冬季较为寒冷可考虑较厚的墙体，屋顶可采用一面坡或两面坡式，需加隔热层，为了更有利于冬季自然光取暖，可采用向阳面高的一面坡式屋顶。育雏舍在育雏早期需要较高的温度，因此需要加温保暖设计。鸡舍前后墙建议设上下两排窗户，以保证夏季通风，到了冬季则应将背阴面窗户密闭以利于保温，而向阳面可以只关闭不密封。

鸡舍各部建设的一般要求：①地基与地面：地基应深厚、结实，用水泥地面，室内地面要高出室外，便于防潮和冲洗消毒；②墙面：用砖墙，便于冲刷和防潮，建议墙外用水泥抹缝，墙内用水泥或白灰挂面。③屋顶：要求防雨、不透水和隔离阳光辐射，屋顶下建议设置顶棚，以提升隔热保温性能。④门窗：门窗的设计应考虑通风、保温、采光等需求，因地制宜进行设计。一般单扇门建议高2米，宽1米左右；两扇门建议高2米，宽1.6米左右。开放式鸡舍的窗户应设在前后墙上，前窗应宽大，离地较低，以便采光，窗户与地面面积之比建议为1：10～18；后窗较小，面积约为前窗的2/3，离地较高，以利于夏季通风。密闭鸡舍则只设应急窗和通风口。⑤鸡舍的规格：鸡舍跨度取决于鸡舍屋顶的形式、鸡舍类型和饲养方式，鸡舍的长度则取决于鸡舍的跨度和机械化程度，开放式鸡舍跨度一般为8～10米，长度为40～60米；密闭式鸡舍跨度为12～18米，长度为100～150米，建议地面到屋脊的高度为3.5～4.5

米。⑥操作间与走道：操作间是饲养员操作和存放工具的位置，设置点取决于鸡舍的长度。若鸡舍长度小于40米，操作间可设在鸡舍的一端；若长度大于40米，则应设在鸡舍中央。走道位置则取决于鸡舍跨度，一般设于鸡舍的一侧，宽1～1.2米；若跨度大于9米，则应设于鸡舍中间，宽1.5～1.8米，便于用小车喂料。

二、养鸡设备

（一）饲养设备

1. 供水设备

供水设备主要有真空式饮水器、吊塔式自动饮水器、乳头式饮水器、水槽式饮水器、杯式饮水器等。雏鸡开始阶段和散养鸡多用真空式、吊塔式和水槽式饮水器，散养鸡趋向使用乳头式饮水器（图4）。乳头式饮水器的优点在于可有效阻止疾病的传播，耗水

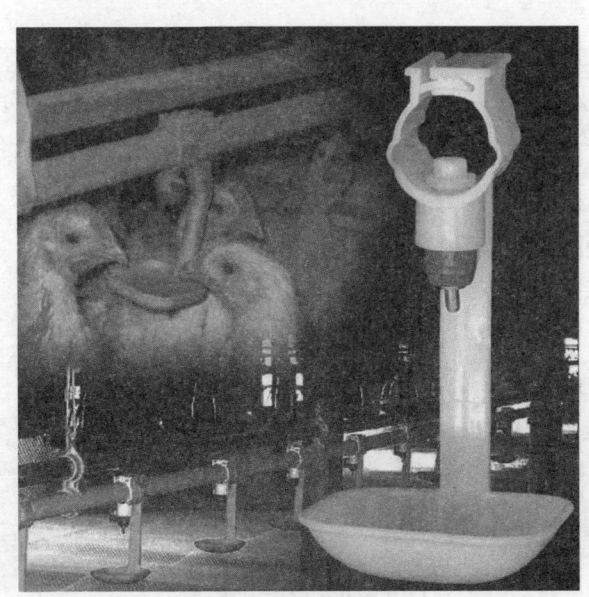

图4 乳头式饮水器

量少，并可免除刷洗工作，提高工作效率，现在已逐渐代替常流水水槽，但需要较高的制造精度，以防止漏水。杯式饮水器供水可靠，不易漏水，耗水量少，但存在的缺点是鸡在饮水时容易将饲料残渣带进杯内，需经常清洗。

2. 喂料设备

由于喂料需要的劳动量较大，因此一些大型机械化鸡场多采用机械化喂料系统（图5）。喂料设备包括贮料塔、输料机、喂料机和饲槽4个部分。贮料塔放在鸡舍的一端或侧面，上部为圆柱形，下部为圆锥形，为了便于排料，圆锥与水平面的夹角应<60°；塔盖的侧面一般设定了一定数量的通气孔，用于排放饲料在储存过程中产生的气体和热量；贮料塔一般具有较高的塔身和较小的直径，当塔内饲料含水量较高时（>13%时），储存超过2天，塔内的饲料可能会出现"结拱"现象，不利于饲料排出，因此塔内需安装破拱装置。常用的输料机为螺旋式输送机，生产效率高，但只能作直线输送，输送距离也不能太长，因此需使用两个螺旋式输送机分两

图5　机械化喂料系统

段将饲料从贮料塔送往各喂料机。塞盘式和螺旋弹簧式输料机由于可以在弯管内送料，因此可以不用分段，直接将饲料从贮料塔底输送到喂料机。常见的喂料机种类有链式、塞盘式、螺旋弹簧式、天车式和轨道车式喂料机等。

3. 产蛋设备

双层式产蛋箱（图6）可用于平养蛋鸡或肉用种鸡，每4只母鸡1个箱位，产蛋箱规格建议宽30厘米，高30厘米，深32～38厘米，上层踏板距地面高度不应超过60厘米。为保证产蛋箱内的散热，可将栅条设计应用于产蛋箱两侧及背面，另外为了防止鸡蛋滚落地面，建议在底面外沿设立约高8厘米的缓冲挡板。

图6 双层式产蛋箱

4. 清粪设备

清粪设备主要有刮粪板式清粪机、带式清粪机和抽屉式清粪板等。刮粪板式清粪机常用于梯式笼养和网上平养；带式清粪机常用于叠层式笼养；抽屉式清粪板常用于小型叠层式鸡笼。我国主要使

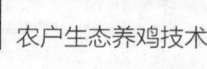

用刮粪板式清粪机（图7）。刮粪板式清粪机一般用于双列鸡笼，一台刮粪时，另一台处于返回行程不刮粪，使鸡粪都被刮到鸡舍同一端，再由横向螺旋式清粪机送出舍外。

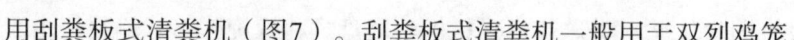

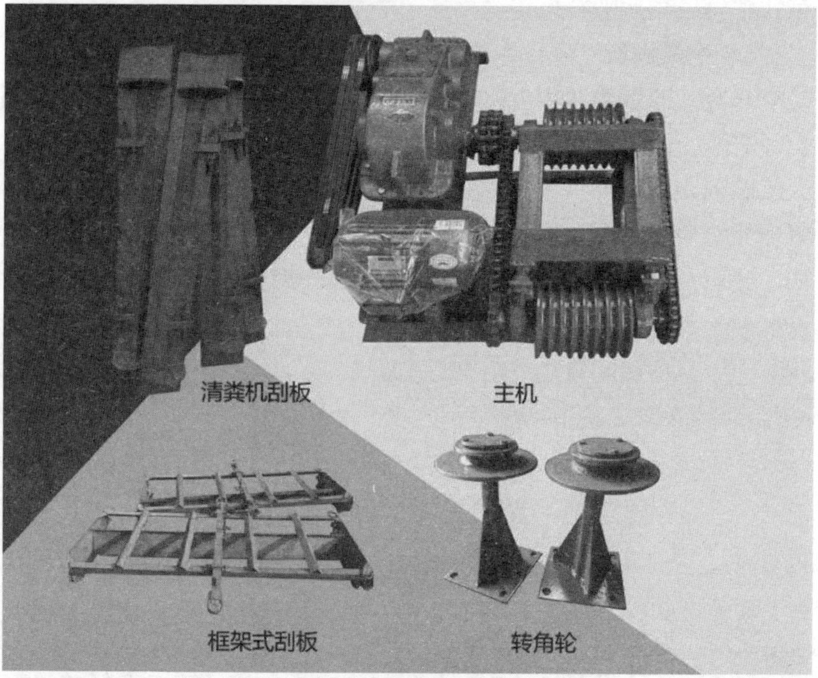

图7　刮粪板式清粪机

5. 笼具

育雏多使用网板或立式多层育雏器（图8）；育成鸡多使用平面网养，或重叠式和阶梯式育成笼（图9）；产蛋鸡多用笼养，种鸡笼可使用育种用的个体笼，祖代、父母代鸡可以用普通的产蛋鸡笼或小群配种笼。为了母鸡产蛋有较为适宜的环境，并防止产蛋时发生啄肛现象，可在小群配种笼一侧设遮光布帘。

图8　立式多层育雏器

图9　阶梯式育成笼

（二）环境控制设备

1. 供暖设备

中小型鸡场适用烟道供暖的育雏方式，烟道模式可均匀供暖并减少空气污染，长烟道适用于较大的育雏室，田字形环绕烟道适用于较小的育雏室。为了防止倒烟、利于暖气的流通和气体排放，烟道进口的口径建议设置大一点，而通往出烟口处的烟道口径逐渐变小。此外也可以使用电热保温伞供暖。电热保温伞的材料可以使用铁、铝、木，或者纤维板材及钢筋骨架加布料制成，热源可用电热丝、电热板或石油液化器。市面上常见的电热保温伞（图10）利用埋入式陶瓷远红外辐射加热板加热，一般来说每个2米直径的伞面可育雏约500只。

图10　电热保温伞

2. 通风设备

通风设备的通风方式详见前述内容介绍的正负压方式。通风机械的型号和种类，可根据当地情况选用。密闭式鸡舍多采用纵向通风，效果更好；开放式鸡舍多采用自然通风，但在炎热或者寒冷的条件下效果较差。

3. 降温设备

常见的降温设备为湿帘风机降温系统，其由纸质波纹多孔湿帘、轴流节能风机、水循环系统及控制装置组成。在夏季，空气通过湿帘进入鸡舍，从而达到较好的降温效果。

4. 照明设备

目前普遍采用白炽灯（即灯泡）进行照明。为了方便时间控制，现在很多鸡场都安装了带有计时器的自动控制开关，使得光照时间较为准确可靠。为了让灯光较为柔软均匀，可用日光灯管照明，并将灯管朝向天花板，使灯光通过天花板反射到地面，且该方法比白炽灯省电。

（三）其他设备

根据鸡群生长的不同阶段、不同用途，还会使用到一些其他养鸡设备，如防疫等医疗设备：连续性注射器、刺种针等；鸡舍消毒设备：喷雾器、气泵、熏蒸反应桶等；断喙设备：电动断喙器、电烙铁等；称重设备：弹簧秤、电子秤等。如果是种鸡场还需要孵化器、出雏器和照蛋灯等。规模较大的鸡场可能还需要饲料加工设备。

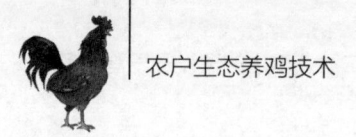

第三章　鸡的营养需要和饲料配制

一、鸡的营养需要

（一）鸡的消化与生理代谢特点

1. 鸡的消化特点

鸡在营养生理上有很多特点，如体温高、代谢旺盛、生长快、活动力强、呼吸快、维持消耗占比大、饲料能量转化效率高等。然而，由于鸡特殊的消化道结构，饲料在消化道内停留的时间短，消化率较低，因此在生产中需要以精饲料为主，还需经常提供一些沙砾，以研磨饲料帮助消化。

2. 鸡的生理代谢特点

（1）饲料利用特点。

鸡对饲料的利用情况受诸多因素影响，一般对谷实类饲料的利用与家畜无明显差异，但对饲料中粗纤维的利用则远远低于家畜。因此，鸡饲料中粗纤维含量不能过高，一般不应超过5%，肉仔鸡以3%为宜，否则将降低饲料利用率，造成饲料浪费。

（2）自身合成养分能力差。

鸡自身合成B族维生素和利用非蛋白含氮化合物合成蛋白质的能力非常差，所以这些养分必须由饲料提供。

（3）新陈代谢旺盛。

鸡的体温较高，个体较小，单位体重的体表散热面积较大，所以维持正常体温消耗的能量也相对较多。

（4）对环境变化敏感。

鸡由于个体小而生产水平高，对环境条件与饲料营养的变化十分敏感，任何一方面的不适都会造成明显的负面影响，在大规模集约化饲养时，危害更为严重。

由上述可见，鸡需要营养丰富而粗纤维少的饲料、适宜而稳定的环境条件及规范化的饲养管理措施。

（二）鸡需要的营养素

鸡的个体小、代谢旺盛、生产水平高，与家畜相比，单位体重需要更多的水、能量和蛋白质、矿物质、维生素等营养物质。

1. 水

水是动物机体内一种重要的营养物质，在鸡体内含量最多，极易被人忽视。鸡在失去全部脂肪和1/2体蛋白后仍能生存，但当失去体内水分的1/10时便会死亡。鸡体内的水来源于饮用水、代谢水和饲料水。生产中要经常了解鸡的饮水量变化，饮水量的变化可以反映饲料营养、鸡群健康状况和生产水平等方面的问题。

影响鸡饮水量的因素很多，主要有饲料种类、采食量、环境温度、水温、鸡的体重、活动程度及产蛋率等，其中环境温度和产蛋率的影响最大。

2. 能量

鸡的一切生理活动，包括运动、呼吸、循环、排泄、繁殖、体温调节等都需要能量。能量主要来源于饲料中的碳水化合物和脂肪，饲料中过剩的蛋白质也会分解产生能量。对鸡而言，碳水化合物是能量最主要的来源。蛋白质多余时也分解产生能量，但利用蛋白质供能会增加经济成本。

（1）碳水化合物。

碳水化合物包括淀粉、糖类和粗纤维，其中淀粉和糖类是鸡主要的能量来源。各种谷实类饲料中都含有丰富的碳水化合物，特别是玉米。

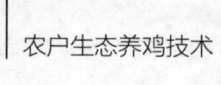

（2）脂肪。

脂肪是高能量物质，是供给机体能量和储备能量的最好形式，也是脂溶性维生素的溶剂，还可以提供必需脂肪酸亚油酸。据研究，在肉用仔鸡或产蛋鸡饲料中添加1%～5%的脂肪，可大大提高饲料的利用率。而饲料中能量太高，鸡将把多余的能量转化为脂肪，储存于体内，从而引起育成鸡过早成熟，出现提前产蛋、提前停产现象（早产早衰）。

（3）蛋白质。

蛋白质是一切生命的物质基础，如果蛋白质缺乏，会导致鸡生长缓慢，体重减轻，羽毛干枯，抵抗力下降，成年蛋鸡产蛋变小，产蛋量降低；如果蛋白质过量，多余的蛋白质会转化为能量，造成蛋白质浪费，饲料成本提高，严重超标时，鸡会出现蛋白质中毒综合征（即鸡痛风）。在生产实践中既要避免不足，又要防止过量。鸡对蛋白质的需要量取决于鸡的种类、日龄和生产性能。确定鸡所需蛋白质的需要量时，首先要确定日粮中的能量水平，因为能量水平决定鸡的采食量。

鸡日粮中的蛋白质主要来源于豆类及其加工副产品，如大豆饼（粕）、菜籽饼（粕）等，其中以大豆饼（粕）质量最佳，还有动物性饲料，如鱼粉、肉骨粉等，以鱼粉最好。

（4）矿物质。

矿物质主要存在于鸡的骨骼、组织和器官中，是鸡饲料中必需的营养物质。鸡所需的矿物质元素主要有钙、磷、钠、氯、硫、镁、钾、铜、铁、锰、锌、碘及硒等。它们的主要作用是调节渗透压、保持酸碱平衡，也是骨骼、蛋壳、血红蛋白、甲状腺激素的重要成分。饲料中矿物质元素过量或不足，都会影响鸡的生长和产蛋，甚至出现代谢性疾病，因此要适量供给。

（5）维生素。

鸡对维生素的需要量甚微，但维生素对鸡的物质代谢起重要的作用。维生素能促进鸡的生长，提高饲料利用率、繁殖力和免疫力，特别对幼鸡和种鸡更为重要。

二、鸡的饲料配制

（一）鸡的饲养标准

鸡的饲养标准是根据鸡的不同种类、性别、体重、年龄、生理状况、生产目的与生产水平，经过大量、多种科学实验（如能量平衡试验、消化代谢试验、饲养试验等），结合生产实践经验，科学地规定一只鸡每天或每千克饲料中应给予的能量和营养物质的数量。我国部分鸡的饲养标准可参考《中华人民共和国农业行业标准——鸡饲养标准》（NY/T 33—2004）。

（二）常用的饲料种类

饲料是各种营养物质的载体，含有鸡所需的各种营养素。但单一饲料所含营养素的数量与比例都不能满足鸡的营养需要，必须在了解各种饲料的特点后，进行合理搭配，才能满足鸡的营养需要。鸡常用的饲料有数十种，各有特点，按其营养成分大致可分为能量饲料、蛋白质饲料、矿物质饲料、维生素饲料和饲料添加剂。

1. 能量饲料

凡饲料干物质中粗纤维含量低于18%，粗蛋白含量低于20%的饲料均属能量饲料，其包括谷物饲料、块根块茎饲料、油脂饲料。常见的能量饲料有玉米、高粱、小麦、麸皮、南瓜、油脂等。

（1）玉米。

玉米的淀粉含量丰富，是谷实类中能量值较高的饲料。此外，玉米的纤维少、适口性好、利用率高，一般在鸡饲料配方中可占50%～78%。黄玉米中胡萝卜素和叶黄素含量较多，有利于鸡的生长、产蛋、皮肤着色。但是玉米蛋白质含量低、质量差，钙、磷及

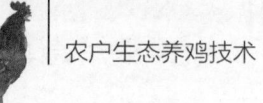

B族维生素含量低。

（2）高粱。

高粱含有丰富的淀粉，蛋白质含量较玉米稍高，但外壳坚硬，不易消化，又含单宁酸，适口性差，吃多了易便秘，可碾碎或浸水发芽后饲喂。高粱的比重不能太大，一般可占日粮的5%～10%。

（3）小麦。

小麦营养价值很高，含能量和蛋白质也多，氨基酸含量比其他谷物丰富，B族维生素含量也较丰富，含钙较少，适口性较好，用量一般不超过30%。若以小麦为主的谷物进行饲喂，鸡的皮肤黄色度差。

（4）麸皮。

麸皮的粗蛋白和B族维生素含量较多，适口性好，有轻泻作用，适合饲喂育成鸡和蛋鸡。但麸皮能量低，纤维含量高，钙磷比例不平衡。

（5）南瓜。

南瓜含有丰富的胡萝卜素，各种养分齐全，利用率高，味甜，鸡喜欢吃，可代替青料。

（6）油脂。

油脂的能量很高，且易被鸡利用，饲料中添加油脂可减少饲料粉尘，减轻热应激反应造成的损失，改善饲料外观。肉用仔鸡饲料中添加2%～4%的油脂，可提高饲料利用率。夏季蛋鸡日粮中添加1%～2%油脂可显著提高饲料利用率，提高产蛋量。

2. 蛋白质饲料

蛋白质饲料是指饲料干物质中粗蛋白含量在20%以上，粗纤维含量在18%以下的饲料。蛋白质饲料分为植物性蛋白质饲料、动物性蛋白质饲料、酵母和玉米蛋白粉。植物性蛋白质饲料以各种油料籽实榨油后的饼（粕）为主：主要有大豆、棉籽、花生、菜籽、向日葵等饼（粕）。动物性蛋白质饲料主要包括鱼粉、肉骨粉、蚕蛹粉、血粉、羽毛粉等。

（1）植物性蛋白质饲料。

①大豆饼（粕）。大豆饼（粕）是大豆榨油后的副产品，压榨提油后的块状副产物称为饼，浸提出油后的碎片状副产物称为粕。大豆饼（粕）在所有饼（粕）蛋白质饲料中质量最好，蛋白质含量为40%～50%，赖氨酸含量为2.45%～2.70%。但大豆饼（粕）缺乏蛋氨酸，在配合日粮时应添加蛋氨酸。

②菜籽饼（粕）。油菜籽用于榨油所得的副产品为菜籽饼（粕）。菜籽饼（粕）蛋白质含量为34%～38%，蛋氨酸含量高，但赖氨酸、精氨酸含量较低，且含有毒的芥子苷，其酶解产物会毒害肝、肾及甲状腺等，须经去毒才能作为鸡饲料。

③棉籽饼（粕）。棉籽榨油后的副产品称为棉籽饼（粕）。棉籽饼（粕）的蛋白质含量为33%～41%，但赖氨酸不足，精氨酸过高，蛋氨酸含量也低。棉籽饼（粕）含有环丙烯脂肪酸和棉酚，前者可使鸡蛋蛋白变成粉色，后者可使鸡蛋蛋黄变成橄榄色，降低鸡蛋品质。棉籽饼中的结合棉酚没有毒性，但游离棉酚可使畜禽中毒。

④花生饼（粕）。花生仁榨油后的副产品称为花生饼（粕）。花生饼（粕）的蛋白质含量高，高的可达44%，但氨基酸组成不佳，赖氨酸含量和蛋氨酸含量都很低，精氨酸含量较高。花生饼（粕）的适口性极好，有香味，但为避免黄曲霉毒素中毒，用量应限制在5%以下。

⑤玉米蛋白粉。又叫玉米面筋粉，蛋白质含量为25%～60%，且粗纤维含量少，蛋白质利用率高，是家禽的优质蛋白质饲料。另外，玉米蛋白粉中含有的叶黄素也有着色作用。

（2）动物性蛋白质饲料。

①鱼粉。鱼粉蛋白质含量高，氨基酸组成完善，维生素与矿物质含量丰富，钙磷比例适当，对雏鸡生长和产蛋、配种都有良好的效果，因而成为养鸡业中最理想的动物性饲料。进口鱼粉呈棕黄色，粗蛋白含量在65%左右，含盐量低，用量可占日粮的10%～12%，国产鱼粉呈灰褐色，粗蛋白含量为35%～55%，含盐

量高，一般只占日粮的5%～7%，否则易造成食盐中毒。因鱼粉价格昂贵，且质量问题时有发生，近年来在种鸡生产中已较少使用。

②血粉。血粉蛋白质含量为80%～85%，赖氨酸含量为6%～7%，但异亮氨酸严重缺乏，蛋氨酸也较少。用低温、高压喷雾方法生产的血粉，赖氨酸利用率为80%～95%，用老式干热方法生产的血粉赖氨酸利用率仅40%～60%。

③蚕蛹粉。蚕蛹粉蛋白质含量较高，而且氨基酸较平衡，尤其蛋氨酸含量高，是鸡的优质蛋白饲料。

④其他。肉骨粉品质差于鱼粉，用量一般不超过5%。羽毛粉蛋白质含量较高，但氨基酸不平衡，吸收利用率也差于鱼粉，用量不宜过高。

（3）酵母和玉米蛋白粉。

酵母中的蛋白质含量为45%～60%，日粮中的添加量为2%～5%。玉米蛋白粉蛋白质含量为40%～65%，且含有较多蛋氨酸和叶黄素，日粮中的添加量为2%～8%。

3. 矿物质饲料

矿物质饲料主要是指提供钙、磷、钠、氯等常量矿物元素的饲料，如贝壳粉、石粉、磷酸氢钙粉、骨粉、蛋壳粉和食盐等。矿物质饲料都是含营养物质比较专一的饲料，用来补充1～2种矿物质。

4. 维生素饲料

青绿饲料中含有丰富的胡萝卜素和B族维生素，也含有一定的微量元素，是鸡所需维生素的来源。青绿饲料包括野草、人工栽培的牧草、瓜藤、蔬菜等，对生产优质黄鸡具有一定的价值。

5. 饲料添加剂

饲料添加剂是指在配制饲料时，在常用饲料之外，为达成某种特殊目的而加入配合饲料中的少量或微量物质。为平衡和满足鸡的营养需要，保证配合饲料的全价性，必须在饲料日粮配方中添加微量或少量添加剂，如氨基酸、维生素和微量元素等。这有利于提高饲料利用率，促进鸡生长、生产和预防疾病，减少饲料在贮存期间营养物质的损失，改善家禽的肉蛋品质。

饲料添加剂根据其成分和作用可分为两大类，即营养性添加剂和非营养性添加剂。

（1）营养性添加剂。

主要用于补充、平衡配合饲料的营养成分，提高饲料营养价值。营养性添加剂包括氨基酸添加剂、微量元素添加剂和维生素添加剂。

（2）非营养性添加剂。

主要用于保健助长、改善饲料品质、促进消化吸收、防治疾病等。非营养性添加剂包括抗生素添加剂、抗球虫剂、抗氧化剂等。

（三）鸡饲料的配制

合理地配制饲料是满足鸡各种营养物质需要、保证正常饲养的关键，只有饲喂营养全面的饲料才能保持鸡的健康和高产。

1. 配制饲料的原则

（1）要尽量符合饲养标准的各项指标。

由于鸡的品种、饲料阶段、环境气候条件及饲养方式等的不同，饲养标准也并不是绝对相同的，因此在配制饲料时必须从实际情况出发，因地制宜，灵活掌握和调整。

（2）配制饲料的种类要尽量多样化。

各种饲料若能做到合理搭配，配合饲料的各种营养成分则更为全面，通过互补作用，使饲料的生物学价值得以提高，同时也易于配制成符合鸡饲养标准规定的配合饲料。

（3）饲料的种类和配比要尽量保持相对稳定。

即使要改变饲料的种类和配比，也要采取逐步过渡方式，以使鸡有个适应的过程，否则容易引起鸡的食欲不振或消化不良，从而影响鸡的生长发育和产蛋率。

（4）要求饲料尽量新鲜、清洁和符合鸡的消化生理特点。

由于鸡的消化生理特点，日粮中粗纤维的含量一般不应超过

5%。幼雏和成鸡高产时期，糠麸等粗饲料应当适当减少，否则会造成饲料的浪费或其他不良后果。

（5）选用来源广，价格便宜的饲料。

应掌握当地常见饲料的营养价值及价格情况，要充分利用好当地的农、林、副、渔和食品工业的副产品，用以降低饲料生产的成本。

（6）选用适口性强和品质优的饲料。

如果饲料适口性差、品质劣，即使在数据上能符合鸡饲养标准，但在实际上并不能满足鸡的营养需要。在实际工作中，还应注意饲料的加工与调制，以提高饲料的适口性和利用率。

（7）应加入适量的动物性饲料。

动物性饲料不仅蛋白质含量丰富，而且必需氨基酸也比较完全。在日粮中适当搭配一定比例的动物性饲料，便可弥补植物性饲料的缺陷。同时，动物性饲料还含有丰富的钙、磷、微量元素和维生素B_{12}等，所以在配合饲料中加入5%～10%的动物性饲料便能获得良好效果。

（8）配合日粮应有一定体积。

在配制鸡的日粮时，日粮体积若过大，鸡则吃不完，就得不到必需的营养；若体积过小，鸡常会因饥饿而出现抢料吃的现象，致使鸡的采食量不均，从而影响鸡的增重和产蛋量。

（9）合理使用饲料添加剂。

饲料添加剂具有微量、多效、使用方便、成本低、效益高的特点。科学合理地使用饲料添加剂，既能满足鸡的正常生理代谢，又能平衡基础饲料，提高其饲喂效果。

（10）配制饲料要拌匀。

在配制配合饲料时，一定要将各种饲料充分搅拌，将其拌匀。特别是矿物质、微量元素和维生素等微量添加剂，要预先与辅料混合后，再加入饲料中反复搅拌均匀。

（11）要根据不同季节配制日粮。

不同的季节，其环境温度不同，在此环境条件下，鸡的散热量也不同，所以用以维持体温、生长发育和产蛋所需要的能量也不同。在配制鸡饲料时，必须依照季节来改变饲料中的能量、蛋白质、矿物质的配合比例，以满足鸡的生长、产蛋和维持健康的需要。

（12）日粮中要保证适当比例的蛋白质。

在配制日粮时，应当按照鸡的类型、年龄、生产水平等因素来确定日粮中蛋白质的含量。通常以雏鸡17%～20%，育成鸡13%～15%，产蛋鸡16%～18%为宜。

（13）所配饲料不宜久存。

配制好的饲料，若存放时间过长，容易因发热而变质，造成营养价值降低。在温度、湿度较高的季节，配合饲料放久了，不仅营养价值降低，而且饲料易发霉变质，造成霉菌中毒，尤其是1月龄内的雏鸡最易发生。

2. 配制饲粮的方法

（1）制订配制饲料配方的步骤。

①首先弄清动物的年龄、体重、生理状态和生产水平，选用相应的饲养标准。饲养标准需要适当调整时，先确定能量指标，然后根据饲养标准中能量和其他营养素的比例关系，再调整其他营养物质的需要量。

②根据当地的饲料资源确定参配饲料种类。查阅饲料营养价值表，并记下饲料中与需要量相应的重要养分的含量。

③采用适当的计算方法初拟配方。

④在初拟配方的基础上，进一步调整钙、磷、氨基酸的含量。首先用含磷高的饲料（骨粉、磷酸氢钙、磷酸钙）调整磷的含量，再用碳酸钙（石粉、贝壳粉）调整钙的含量，用人工合成的氨基酸调整氨基酸的含量。

⑤主要矿物质饲料的用量确定后，再调整初拟配方的营养成分。

⑥最后补加微量元素和多种维生素。

制订饲料配方，至少需要两方面的资料：动物的营养需要量和

常用饲料的营养成分含量。

（2）常用的饲料配制法。

对于条件设备有限的养殖户，除了从市面购进全价配合饲料外，还可结合实际情况使用更为简单快捷的方法配制饲料，一般用浓缩饲料、预混饲料再加上一定比例的常用饲料来配制。

①利用浓缩饲料配制饲料。浓缩饲料就是按照饲养标准的规定，用各种蛋白质原料，如鱼粉、饼（粕），加上一定比例的饲料添加剂，科学、合理、均匀地混合而成。浓缩饲料的主要特点是蛋白质含量很高（30%以上），各种必需氨基酸、维生素、无机盐也有足够分量。配制饲料时，可按鸡生长的不同阶段供给不同比例的浓缩饲料，加上一定比例的能量饲料，就可以配制或生产出不同品种的配合饲料。

②利用预混饲料配制饲料。鸡的预混饲料是根据鸡生长发育的需要和不同生长阶段的特点，把鸡所需的各种氨基酸、维生素、微量元素和其他必需的微量添加成分按不同的比例与载体均匀混合而成，有时还会应农户要求或生产情况加入少量预防用的药物如抗生素等。农户可根据鸡不同的生长阶段按不同比例添加，便可保证鸡生长发育的需要。一般来说，预混饲料在鸡饲料中的比例是很小的，主要依其营养含量而异。

（四）饲料的选购与使用

饲料的选购与使用，需要注意以下方面。

（1）应根据不同的鸡不同的生长阶段，选购不同的配合饲料。

不同品种的鸡对营养成分的需求不同，对某些微量成分（如药物饲料添加剂）的敏感程度或耐受力也不同，因此，应根据鸡自身的条件和需要，选用适合的配合饲料。

（2）饲养过程中不要随意更换配合饲料。

不同厂家生产的配合饲料，其营养成分和原料组成可能存在较大的差异，过于频繁地更换饲料，易引发应激反应，不利于鸡的生长或生产。

（3）选购饲料前应多方了解饲料生产企业的生产能力、技术力量和管理水平。

应尽可能优先选购那些拥有先进生产设备、雄厚技术力量和管理规范、信誉良好的企业生产的产品。

（4）购买配合饲料时，要做到"五看"。

①看厂家。当前饲料生产企业很多，选购饲料时要认准生产厂家，选择科研单位试验后推广应用的产品。②看包装。正规厂家生产的配合饲料，包装美观整齐，厂址、电话、适应品种明确，有在工商部门注册的商标。③看颜色。某一品牌和种类的饲料，其颜色在一定时期内可相对保持稳定。如果颜色变化过大，就不要轻易购买。④看均匀度。正规厂家生产的优质饲料，混合都是非常均匀的，选购饲料应从每包饲料的不同部位各抓一把看均匀度。⑤看保质期。保质期是饲料标签注明的内容之一，凡超过保质期或没有注明保质期的配合饲料，不要购买。

（五）饲料的贮存和管理

1. 饲料的贮存

贮存饲料和饲料原料时，为减少不必要的经济损失，应注意：①饲料贮存仓库应当选择地势高、干燥、阴凉、通风良好和排水方便的地方。应用水泥内墙面及水泥地面，以防漏、防鼠和防止地面返潮，在清理仓库内卫生后，应关闭门窗进行熏蒸消毒。饲料不能与地面、墙壁接触，须准备好木板，用来垫放饲料。②控制好温度、湿度并保持通风。饲料贮存室的相对湿度要低于50%，并要保持良好的通风换气，同时要尽可能降低贮存室内的温度。③控制好饲料及其原料的含水量，水分多易使饲料发生氧化、发热、结块和霉变。

2. 饲料的管理

管理饲料要注意：①定期检查或抽查饲料，注意观察和记录仓

库的温度和湿度变化，要及时发现和处理问题。②及时灭鼠杀虫。避免饲料浪费及饲料局部温度升高和湿度加大引起的饲料结块和霉变。③使用袋装贮存时，若气温高于10℃时，堆码不应超过12包；气温低于10℃时，堆码不应超过14包。采用散装贮存时，若湿度超过13%时，堆高不应大于2.5米；湿度低于13%时，堆高一般在2.5～4米。④对贮存期长的饲料，应适当进行翻动，以加强通风换气，摊开发热处，防止饲料自身发热。⑤一次进料不宜太多，配制好的全价饲料最好不要贮存太久，最好不超过1个月，贮新料时应将旧料彻底清理干净。⑥当饲料或原料需长时间存放时，为避免营养物质损失，应在饲料或原料中适当添加安全性较好的抗氧化剂和防霉剂。

（六）提高鸡饲料的利用率

饲料成本约占整个鸡场生产成本的60%～70%，尤其是随着蛋白质原料的短缺和价格的不断上涨，广大养殖户和饲料生产经营者不得不寻求一些提高饲料利用率的方法，以此来降本增效。

1. 影响鸡饲料利用率的因素

（1）动物本身因素。

不同生长阶段的鸡群对饲料的利用率不同，如雏鸡利用率低而成鸡高。鸡个体之间的差别，其饲料利用率也有差别。

（2）饲料因素。

不同种类的饲料，营养物质消化率不一样。大豆中含有抗胰蛋白酶、致甲状腺肿的物质、皂角素和血凝素等物质，这些物质都会影响其消化利用和鸡的一些生理生化过程，如果加热适当，其毒素和酶就会受到破坏。其他一些饲料原料如谷实、青绿饲料、草粉、羽毛粉、血粉等也含有一些影响饲料利用率的因素。

（3）饲料配制的科学性。

配制饲料时，只有各种营养物质如能量、蛋白质、氨基酸、维生素、矿物质等能够满足鸡的营养需要，并且达到最佳平衡，才能够使饲料的利用率达到最高；反之，必然造成饲料营养物质的浪费。

（4）饲料的加工和贮藏。

同一种饲料因加工方法不同，其营养价值也不一样。如机榨的饼类比浸提的粕类蛋白质含量低，高温也可使蛋白质变性，从而使营养价值降低。饲料贮藏时间越长，饲料的营养价值越低，严重的会发霉变质，甚至导致动物疾病的发生。

（5）饲养环境及应激。

鸡群所处的饲养环境，如温度、湿度、通风、光照、空气中有害气体含量等的变化，都可以引起动物应激反应，从而降低饲料转化率。

2. 提高鸡饲料利用率的途径

（1）配制饲料时，必须以鸡的饲养标准为依据，并结合生产实践经验，制订出符合要求的最佳饲料配方，不仅要满足鸡对各种营养物质的需要，而且各种营养物质之间的平衡应达到最佳。

（2）配制饲料时，应注意饲料的多样化，尽量多用几种饲料原料进行配制，这样可以充分发挥各种原料之间的营养互补作用，以保证营养物质的全面，有利于提高饲料的消化率和营养物质的利用率。

（3）选择原料配制饲料时要注意原料的品质和适口性，如果饲料品质不良或适口性差，即使在计算上符合营养需要，但实际上并不能满足鸡的需要。对于那些有不良特性和适口性差的饲料原料，如血粉、皮革粉、羽毛粉、棉籽饼（粕）、菜籽饼（粕）、芝麻饼、草粉、糟渣等，要事先进行加工处理并限制其在饲料中的使用量。

（4）配制饲料时，应考虑饲料的卫生要求，所用原料应质地良好，发霉变质的原料不应做配合饲料的原料。除此之外，还要注意选择那些没有受农药或其他有毒、有害物质污染的饲料原料。

（5）配制饲料时，必须根据各种鸡的消化生理特点，选择适

宜的饲料原料进行搭配，尤其要注意控制饲料中粗纤维的含量。当日粮中粗纤维的含量增加时，日增重和饲料利用率将降低。粗纤维含量以不超过5%为宜。

（6）配制饲料时，必须考虑鸡采食量与饲料养分浓度之间的关系。如果日粮能量浓度偏低，鸡就会增加采食量，采食过多，就会降低利用率。

（7）饲料的加工和调制方法对饲料利用率影响很大。热处理加工如制粒或挤压改进了营养物质的利用率和饲料的利用率，如果加工过度将降低营养物质的可利用率和饲料的利用率。

（8）饲料的粒度对饲料利用率也有一定影响。饲料粒度过大，会降低饲料消化率；饲料粒度过小，会降低适口性和饲料摄入量，并导致胃溃疡的发病率上升。

（9）养鸡时，应首先选择那些遗传性能好的品种进行饲养。饲料利用率是具有中等遗传力的生产性状，可通过选择得到改良。

（10）饲喂方法不同，其饲料利用率也不同。干湿料饲喂和液体饲喂与干喂法相比，饲料能量转化率得到了一定的提高，但较高的饲料摄入量会导致屠体脂肪增加。

（11）充足清洁的饮水，对提高饲料利用率也是非常重要的。

（12）环境条件也能影响饲料转化效率。如产蛋鸡的最佳生长温度是18～20℃，当温度降低，采食量增加时，饲料能量中的大部分将用于产热，而不是产蛋。湿度、通风、有害气体、光照等的变化也会影响饲料利用率。如合理的光照能增进食欲，有利于消化，从而提高饲料利用率，相对地降低饲料消耗。但若光照时间过长、强度大，消耗饲料就会增加，生长、产蛋等性能反而下降，饲料利用率降低。

（13）合理控制鸡的体重。鸡消耗的饲料约有2/3用于维持自身生理需要。鸡的体重越大，消耗的饲料就越多。对于产蛋鸡，鸡的体重应参考相关的饲养管理指南所推荐的该品种的标准体重，合理控制。这样既不影响产蛋，又可防止鸡只过肥；既保证营养供给，又可减少饲料浪费。

（14）设置合理的饲槽和水槽。鸡料槽的深度一般要达到10厘米，槽内侧应加1～2厘米宽的檐。料槽要尽可能放置高些，一般应高出鸡背1～2厘米为宜，这样可以防止鸡在采食过程中叼出饲料，减少饲料浪费。加料量过多或料槽放置过低，都会造成饲料的浪费或污染。饲养时一般一次加料量不能超过料槽深度的1/3。

（15）加强饲料保管。饲料如果保存不当，特别是在高温高湿季节，会导致生虫和霉变。霉变的饲料不能用来喂鸡，从而造成饲料浪费。因此，应将饲料装入袋中放置在室内离地20厘米的木架或木排上，保证良好的通风。

（16）要制订好防疫程序，并按程序进行管理，使鸡群的生产性能达到最大。若在生产中发现不健康的鸡，要及时给予治疗或淘汰。

（17）饲料添加剂的使用。在生产实践中，适量使用一些酶制剂、益生菌、中药制剂等可提高鸡的饲料利用率和生产性能。

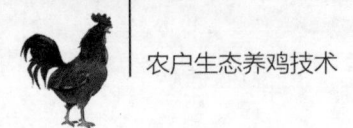

第四章　种蛋的人工孵化

在自然条件下，家禽通常在合适的季节产一定数量的蛋后进行自然孵化，繁衍后代。自然孵化通常称为抱窝，在抱窝时母禽一般停止产蛋。在自然孵化条件下，母禽的产蛋性能差，繁殖效率和生产效率较低。人工孵化就是人为创造适宜的孵化环境，对家禽的种蛋进行孵化，从而大大提高家禽的繁殖效率和生产效率。人工孵化已成为现代家禽生产的一项基本技术。

一、常用的孵化设备

人工孵化过程除了孵化器外，还需要多种配套设备。设备的大小和数量受孵化厂的大小、孵化器的类型、孵化厂须完成的服务项目等众多因素的影响。

（一）孵化器

孵化器是孵化厂的主要设备（图11），通常包含加热、加湿、通风、翻蛋、冷却和报警六大控制系统。孵化器的类型大致可分为平面孵化器和立体孵化器两大类，立体孵化器又分为箱式立体孵化器和巷道式孵化器。平面孵化器的孵化量少（几十至几百枚），多用于教学和科研，现在生产上采用最多的是立体孵化器。

箱式立体孵化器分入孵器和出雏器，容蛋量可达几千枚到2万枚，适用于每年多批次孵化的孵化厂。按照出雏方式可分为下出雏、旁出雏、孵化出雏两用和单出雏等类型；按活动转蛋架可分为滚筒式、八角式和跷跷板式等类型。一般中小型孵化厂使用箱式立体孵化器，也有较大规模的孵化厂采用这种孵化器。

　　巷道式孵化器专为大型孵化厂而设计，尤其孵化商品肉鸡雏的孵化厂孵化量很大，使用巷道式孵化器可以节省设备和能源。巷道式孵化器分入孵器和出雏器，两机分别放置在孵化室和出雏室，入孵器容蛋量在8万～16万枚，甚至更大，出雏器容蛋量在1.3万～2.7万枚。

图11　孵化器

A：箱式立体孵化器；B：巷道式孵化器

（二）水处理设备

孵化厂用水量较大，而且养殖设备对水的质量要求很高，需要对水的质量进行分析，如果水的硬度较大，含泥沙较多，矿物质和泥沙会沉积于湿度控制器及喷嘴处，很快就会使设备无法运转，阀门也会因此而关闭不严并发生漏水。因此，孵化厂用水必须进行软化处理和安装过滤器。

（三）种蛋运输设备

为了尽量减少蛋箱、蛋盘和雏禽运输等厂内的搬运，提高工作效率，孵化厂经常使用各种类型的小车以便于搬运，常用的有四轮车、半升降车、集蛋盘、输送机等。孵化厂最好配备有空调的运雏车（温度保持20~25℃），便于雏鸡及时安全运抵目的地。

（四）种蛋分级和洗蛋设备

种蛋按大小分级进行孵化，可以提高孵化效果，孵化厂种蛋在入孵前都必须按大小进行分级。孵化厂为了提高生产效率，经常使用真空吸蛋器、移蛋器、种蛋分级器、种蛋清洗机等设备。

（五）冲洗消毒设备

孵化厂一般采用高压水枪清洗地面、墙壁和设备。喷射式清洗机很适宜孵化厂使用。孵化厂的各室应该配备消毒设备，可选用自动喷洒的多功能消毒系统，建议采用次氯酸钠消毒液，成本低廉，现配现用，操作简便。

另外孵化厂还需配备测控温湿度设备、发电供暖设备、雌雄鉴别台、照蛋器和疫苗注射器等。

二、种蛋的选择与消毒

（一）种蛋的选择与保存

种蛋质量的优劣，不仅关系到孵化率的高低，而且对雏鸡质量及对成鸡的生产性能都有很大的影响，因此要按照种蛋的要求予以严格的选择。

1. 种蛋的选择要求

（1）种蛋的来源。

种蛋应来源于遗传性能稳定、生产性能好且繁殖力强、经过系统免疫程序、健康无传染病的种鸡群。同时要求养殖场的环境条件好，饲养管理正常，采用本交或人工授精的配种方法，种蛋受精率在85%以上。

（2）种蛋的新鲜度。

种蛋保存时间的长短与孵化率有直接的关系，要求越新鲜越好，一般7天内的种蛋最好，最长不能超过15天，15天以上的种蛋孵化率逐渐降低。新鲜的种蛋表面覆有一层霜状物，表面鲜艳，气室小；陈旧种蛋则表面无光泽，内容物暗浊，气室大。

（3）种蛋的清洁度。

选择表面干净光滑、无斑点和污点、有光泽者作为种蛋。凡表面有霉斑、粪便、污泥、饲料等，不新鲜的蛋，均不宜作为种蛋，这些蛋易遭细菌侵入，内容物腐败变质或产生死胎。轻度污染的种蛋需要经过砂纸擦拭和消毒液消毒才能进行孵化。

（4）种蛋的形状大小。

种蛋的形状以接近卵圆形、蛋形指数为0.74最佳。过长过圆、腰鼓状、葫芦状、橄榄状、砂壳、钢壳、过大过小等畸形蛋的孵化率会明显低于正常的蛋，都应剔除。大蛋和小蛋的孵化效果均不如正常的蛋。大蛋的孵化时间较长，而小蛋的孵化时间又较短，雏鸡

质量都不太好，都不宜作为种蛋。种蛋重量一般以50～65 g为宜，超过标准±10%的蛋不宜作种用。

（5）蛋壳颜色。

不同的鸡品种蛋壳颜色不同，但是必须要求种蛋符合本品种特征。褐壳蛋鸡或其他选择程度较低的家禽，其蛋壳颜色一致性较差，留种蛋时不一定苛求蛋壳颜色完全一致。由于疾病或饲料营养等因素造成的蛋壳颜色突然变浅应千万注意，如确定是该原因造成的应暂停留种蛋。

（6）蛋壳结构。

要求蛋壳的结构致密均匀，厚薄适度，蛋壳的厚度应在0.33～0.35毫米。过厚时孵化受热缓慢，水分不易蒸发，气体交换不畅，又难于啄壳出雏；过薄时水分蒸发过快，不利于胚胎发育。所以蛋壳厚度在0.40毫米以上的钢皮蛋和0.27毫米以下的薄皮蛋，以及砂皮蛋和厚薄不匀的皱纹蛋都应剔除。

2. 种蛋的选择方法

（1）感官法。

对种蛋的一些外观指标如蛋形、大小、清洁程度、是否破损等，可采用肉眼检查。挑选裂纹蛋采用以下方法：每只手持3个，轻轻转动手指，蛋在手中转动，相互碰击，裂纹蛋会有破裂声，应及时挑出。

（2）透视法。

对种蛋的蛋壳结构、气室大小、胚胎位置，有无血斑、肉斑、散黄等情况，采用灯光或照蛋器进行透视检查，可准确地判断种蛋的品质。新鲜种蛋气室很小，蛋黄清晰浮映蛋内，并随蛋的转动而慢慢转动；蛋白浓度匀称，蛋内无异物；蛋黄表面无血丝、血块。如果发现气室很大，蛋黄颜色变暗，蛋黄呈土色甚至有血丝，即为陈旧种蛋。如果发现内容物变黑，是因为保存时间过长，细菌侵入蛋内使蛋白腐败已变成臭蛋。如果发现蛋黄与蛋白混淆，分辨不清，即为散黄蛋。如果发现双黄蛋，也不能留作种蛋。

（3）剖蛋。

种蛋较多时，还可随机选取若干个蛋打开蛋壳。正常的种蛋，其蛋黄呈橘红色。如果色泽过浅，表明种鸡营养不良，孵出的雏鸡会体弱。合格种蛋的蛋白应黏稠适度，以滴滚成线、流散缓慢为好。凡蛋白稀薄、易流散者不宜做种蛋。如果在所打开的蛋中劣质蛋比例超过5%，则整批种蛋应重新挑选。

3. 种蛋的保存

合理地保存种蛋也密切关系到孵化雏鸡的品质，种蛋的保存与环境要求、保存条件、定时翻蛋及保存时间密切相关。

（1）环境要求。

接触种蛋的蛋箱、蛋托、蛋架等都要消毒。储存室的隔热性能要好，要防冻、防热、防止室内温度变化过大、防蚊蝇鼠；保持清洁卫生、空气新鲜；避免阳光直晒和冷风直吹种蛋。

（2）保存条件。

种蛋的保存条件主要包括温度、湿度和通风3个方面。①温度：胚胎发育的阈值温度为23.9℃，高于这个温度胚胎就开始发育，低于这个温度胚胎就停止发育。种蛋产出前就已经是发育了的多细胞胚胎，产出体外后会暂时停止发育，如果环境温度忽高忽低，使胚胎数次发育又数次停止，胚胎就会死亡或活力减弱。种蛋产下后应使其温度降至低于胚胎发育的阈值温度，一直保持到种蛋入孵前为止。如果种蛋保存一周之内，要求种蛋库的保存温度在15～18℃；如果种蛋保存一周以上，则要求种蛋库的贮存温度更低，在12～15℃保存时孵化效果所受影响最小。种蛋保存期间应保持温度的相对恒定，最忌温度忽高忽低。②湿度：种蛋壳上有许多气孔，在保存期间，蛋内水分会通过气孔不断蒸发，因此种蛋库室要保持一定湿度。种蛋适宜湿度为75%～80%，过低种蛋内水分会蒸发，过高种蛋会生霉，过低过高都会影响孵化率。③通风：放种蛋的地方应保持空气新鲜，通风良好，不应有特殊气味。种蛋应放置在阴凉通风处，避免阳光直晒，也不能放置在潮湿的地方。

（3）定时翻蛋。

种蛋保存期间，宜将种蛋钝端朝下放置，这样可使蛋黄位于种蛋的中心。种蛋小头向上大头向下的存放方式能提高孵化率。种蛋保存1周以内不必翻蛋，保存时间稍长时（1周以上），每天应翻蛋1～2次，以防胚胎与壳内膜粘连及胚胎早期死亡。

（4）保存时间。

在通常条件下，种蛋的保存期与出雏率成反比。一般要求种蛋保存期限以5～7天为宜，最长不要超过两周。若超过两周，其孵化率将低于60%。如果不具备适宜的保存条件，应缩短保存时间。温度在25℃以上时，种蛋保存最多不超过5天；温度超过30℃时，种蛋应在3天内入孵，否则出雏率和健雏率均会明显降低。

（二）种蛋的包装、运输与消毒

若种鸡场距孵化场较远时，或引进良种时，都需要对种蛋进行较长距离的运输。若保护不当，往往会引起种蛋破损或卵黄系带松弛，气室破裂而影响孵化率。因此，应该注意种蛋的包装与运输。

1. 包装

种蛋最好采用规格化的种蛋箱包装，蛋箱要结实，能承受一定的压力，应采用硬板纸或瓦楞纸制成的纸箱，箱内可使用塑料蛋托或纸蛋托，或用纸格一个一个隔开，避免相互接触发生碰撞。一箱可容纳300枚或360～420枚，种蛋大头向上。包装材料应干燥、洁净，无异味，无外来污染物。装满后用胶带纸或打包带把箱口封好，便可装车运输。

2. 运输

运输种蛋时，运输工具应清洁、干燥，并有防污染措施，不得与有毒、有害物品混运。要做到防震、防雨淋、防冻、防晒。汽车要匀速行驶，不能急刹车，路况不好时，速度不能快，以防破损或震断系带。装车高度不能超过6层，且注意轻装轻卸，减少破损。冬季要防止冻害，尽量用厢式货车或空调车运输，敞篷车要用厚棉被盖好。夜间气温比白天低，夜晚尽量不要运输。另外，车况要好，不能在途中抛锚。夏季要防暴雨淋，盖好防雨布，最好在夜晚运输。种蛋到达目的地后，应尽快开箱检查，剔除破损蛋，及时码盘、消毒、入孵。

3. 消毒

蛋从产出到入库或入孵前，会受到泄殖腔排泄物不同程度的污染，在禽舍内也会受空气、设备等环境污染。因此，禽蛋的表面附着许多细菌。虽然禽蛋有数层保护结构，可阻止部分细菌侵入，但是不能全部阻止，随着时间的推移，细菌数量会迅速增加。细菌进入禽蛋后会迅速繁殖，有时会导致禽蛋在孵化器内爆裂，污染整个孵化器，对孵化率和雏禽健康有很大影响。因此，种蛋应进行认真消毒。为了减少细菌的数量，种蛋产下后应马上进行第一次消毒。大型种禽场应尽量做到每天多收集几次种蛋，收集后马上进行消毒。种蛋入孵后，可在入孵器内进行第二次消毒。种蛋移盘后在出雏器进行第三次消毒。常用的消毒方法有以下几种：

（1）熏蒸法。

①福尔马林（甲醛）与高锰酸钾混合熏蒸法：种蛋消毒多采用该方法，可同时消毒种蛋和孵化器，方法简单，对病毒和支原体的消毒效果显著。具体操作方法：种蛋经清点选择、码盘、上架后推入机器内或消毒间，关闭进出气口及门，进行升温，使温度升至25～28℃，保持相对湿度75%～80%，在机器内地板上放一体积比福尔马林量大10倍的陶盆或瓷盆，计算好孵化器或消毒间的容积，按1立方米5克高锰酸钾，称量放入盆内加入少量水淹没高锰酸钾即可，再按1立方米30毫升的福尔马林溶液计量好，快速倒入盆内关好门，也可先把福尔马林溶液倒入盆内，然后放入高锰酸钾，让其氧化蒸发，消毒30分钟后打开门取出盆子，打开风扇及风门让余味散出。

②福尔马林直接熏蒸法：用与上法相同的标准量将福尔马林加入适量水中，直接放在火炉上加热熏蒸。

（2）浸泡法。

①新洁尔灭消毒法：浸泡消毒常用该方法，用5%的新洁尔灭原液加50倍清洁温水配成的消毒液，把种蛋放进去或把码好盘的种蛋带盘一起放入浸泡3～5分钟，取出沥干后即可装入机器孵化。

②漂白粉消毒法：将种蛋浸入含有活性氯的1.5%漂白粉溶液中3分钟，取出沥干后即可装箱。值得注意的是，使用此法必须在通风处进行。

③碘液消毒法：将种蛋置于0.1%的碘液中浸泡30～60秒，取出沥干后装盘。碘溶液配制：碘片10克，碘化钾15克，二者同溶于1升清水中，然后再倒入9升清水中即可。浸泡种蛋10次后，溶液中的碘浓度会降低，如需再用，则可延长浸泡时间至90秒，或者添加新配制的溶液。

④土霉素消毒法：将种蛋放入预先配好的土霉素盐酸盐水溶液中浸泡15分钟，药液为1升水加0.5克土霉素盐酸盐，溶液温度为4℃。如温度过高时，可在溶液内加入冰块降温至4℃，再将种蛋放入浸泡，15分钟后取出在孵化室内放置1～2分钟，当表面不太湿时，放回孵化器内继续孵化。这种方法对支原体的消毒效果显著。

⑤高锰酸钾消毒法：消毒种蛋时用0.5%的高锰酸钾溶液浸泡种蛋1分钟，取出沥干后装盘即可。但该方法易使蛋壳氧化褪色变暗，不易照蛋。

⑥福尔马林消毒法：将40%甲醛原液配成1.5%的溶液浸泡种蛋2～3分钟，取出沥干即可。

⑦呋喃西林消毒法：将呋喃西林碾成粉后配成0.02%浓度的水溶液浸泡种蛋3分钟，洗净晾干即可。

（3）喷雾法。

①新洁尔灭喷雾法：用5%新洁尔灭原液加50倍的水配制成消毒液，用喷雾器喷洒种蛋表面即可，但此种溶液不可与碱、肥皂、碘和高锰酸钾混合。

②碘液喷雾法：将碘配成0.1%浓度的碘溶液喷洒种蛋表面即

可。配制方法同碘液消毒法的溶液配制，水温要求40℃。

（4）紫外线消毒法。

将种蛋置于紫外线灯下60厘米处，开灯照射10分钟，然后将种蛋翻转，再从背面照射10分钟。利用紫外线消毒只能杀灭种蛋表面的微生物。

三、种蛋的孵化

（一）胚胎发育的主要过程与特征

家禽的胚胎发育与哺乳动物不同，它们是依赖种蛋中贮存的营养物质，而不从母体血液中获取营养物质。另外，家禽的胚胎发育分为母体内发育和母体外发育两个阶段，正因为有母体外发育阶段，才使人工孵化能够实现产业化。

以鸡为例，成熟的卵细胞在输卵管内受精后形成受精蛋，大约需要经过24小时才能形成完整的鸡蛋通过输卵管产出体外。由于鸡的体温为40.6~41.7℃，适合胚胎发育。因此，受精蛋在体内形成鸡蛋的过程中已经开始发育。实际上鸡蛋整个孵化过程需要22天，其中1天在母体内，21天在母体外。当蛋还在母鸡体内时，囊胚发育成具有外胚层、内胚层两个胚层的原肠胚。鸡蛋产出体外后，胚胎发育暂时停止。剖视受精蛋，在卵黄表面肉眼可见形似圆盘状的胚盘，而未受精蛋的蛋黄表面只见一白点。

种蛋在适合的条件下，可以重新开始发育，并很快形成中胚层。机体的所有组织和各个器官都由三个胚层发育而来，中胚层形成肌肉、骨骼、生殖泌尿系统、血液循环系统、消化系统的外层和结缔组织；外胚层形成羽毛、皮肤、喙、趾、感觉器官和神经系统；内胚层形成呼吸系统上皮、消化系统的黏膜部分和内分泌器官。

1. 胚胎的发育生理

（1）胚膜的形成及其功能。

胚胎发育早期形成四种胚外膜，即卵黄囊、羊膜、浆膜（也称绒毛膜）、尿囊，这几种胚膜虽然都不形成鸡体的组织或器官，但是它们对于胚胎发育过程中的营养物质利用和各种代谢等生理活动的进行是必不可少的。

①卵黄囊。卵黄囊从孵化的第2天开始形成，到第9天几乎覆盖整个蛋黄的表面。卵黄囊由卵黄囊柄与胎儿连接，卵黄囊上分布着稠密的血管，卵黄囊会分泌一种酶，这种酶可以将蛋黄变成可溶状态，从而使蛋黄中的营养物质可以被吸收并输送给发育中的胚胎。在出壳前，卵黄囊连同剩余的蛋黄一起被吸收进腹腔，作为初生雏禽暂时的营养来源。

②羊膜与浆膜。羊膜在孵化后的30～33小时开始生出，首先形成头褶，随后头褶向两侧延伸形成侧褶，40小时覆盖头部，第3天尾褶出现。第4～5天由于头、侧、尾褶继续生长的结果，在胚胎背上方相互合并，称为羊膜脊，形成羊膜腔，包围胚胎。羊膜褶包括两层胎膜，内层靠胚胎，称为羊膜，外层紧贴在内壳膜上，称为浆膜或绒毛膜。后羊膜腔充满透明的液体（羊水），胚胎就漂浮于其中，这些液体起到保护胚胎免受震动的作用。绒毛膜与尿囊膜融合在一起，帮助尿囊膜完成其代谢功能。

③尿囊。尿囊在孵化第2天末到第3天时开始形成，第4天至第10天迅速生长，第6天到达壳膜的内表面。孵化的第10～11天时包围整个蛋的内容物，并在蛋的锐端合拢起来。尿囊膜可起到循环系统的作用，其功能是：尿囊膜可充氧给胚胎的血液，并排出血液中的二氧化碳；可将胚胎肾脏产生的排泄物排出而存于尿囊之中；可帮助消化蛋白，并帮助从蛋壳中吸收钙。

（2）胚胎血液循环的主要路线。

早期鸡胚的血液循环有三条主要路线，即卵黄囊血液循环、尿囊绒毛膜血液循环和胚内循环。

①卵黄囊血液循环。

该血液循环携带血液到达卵黄囊，吸收养料后回到心脏，再送到胚胎各部。

②尿囊绒毛膜血液循环。

该血液循环从心脏携带二氧化碳和含氮废物到达尿囊绒毛膜，排出二氧化碳和含氮废物，然后吸收氧气和养料回到心脏，再分配到胚胎各部。

③胚内循环。

该血液循环从心脏携带养料和氧气到达胚胎各部，而后从胚胎各部将二氧化碳和含氮废物带回心脏。

2. 胚胎发育过程

胚胎发育过程相当复杂，以鸡的胚胎发育为例（图12），其主要特征如下：

第1天，在入孵的最初24小时，即出现若干胚胎发育过程。4小时心脏和血管开始发育；12小时心脏开始跳动，胚胎血管和卵黄囊血管连接，从而开始了血液循环；16小时体节形成，有了胚胎的初步特征，体节是脊髓两侧形成的众多的块状结构，以后产生骨骼和肌肉；18小时消化道开始形成；20小时脊柱开始形成；21小时神经系统开始形成；22小时头部开始形成；24小时眼开始形成。

第2天，25小时耳、卵黄囊、羊膜、绒毛膜开始形成，胚胎头部开始从胚盘分离出来，照蛋时可见卵黄囊血管区形似樱桃，俗称"樱桃珠"。

第3天，60小时鼻开始发育；62小时腿开始发育；64小时翅开始形成，胚胎开始转向成为左侧下卧，循环系统迅速增长。照蛋时可见胚和延伸的卵黄囊血管形似蚊子，俗称"蚊虫珠"。

第4天，舌开始形成，机体的器官都已出现，卵黄囊血管包围蛋黄达1/3，胚胎和蛋黄分离。由于中脑迅速增长，胚胎头部明显增大，胚体更为弯曲。胚胎与卵黄囊血管形似蜘蛛，俗称"小蜘蛛"。

第5天，生殖器官开始分化，出现了两性的区别，心脏完全形成，面部和鼻部也开始有了雏形。眼的黑色素大量沉积，照蛋时可明显看到黑色的眼点，俗称"单珠"或"黑眼"。

第6天，尿囊达到蛋壳膜内表面，卵黄囊分布在蛋黄表面的1/2以上，由于羊膜壁上的平滑肌的收缩，胚胎有规律地运动。蛋黄由于蛋白水分的渗入而达到最大的重量，由原来的约占蛋重的30%增至65%。喙和"卵齿"开始形成，躯干部增长，翅和脚已可区分。照蛋时可见头部和增大的躯干部两个小圆点，俗称"双珠"。

第7天，胚胎出现鸟类特征，颈伸长，翼和喙明显，肉眼可分辨机体的各个器官，胚胎自身有体温，照蛋时胚胎在羊水中不容易看清，俗称"沉"。

第8天，羽毛按一定羽区开始发生，上下喙可以明显分出，右侧蛋巢开始退化，四肢完全形成，腹腔愈合。照蛋时胚在羊水中浮游，俗称"浮"。

第9天，喙开始角质化，软骨开始硬化，喙伸长并弯曲，鼻孔明显，眼睑已达虹膜，翼和后肢已具有鸟类特征。胚胎全身被覆羽，解剖胚胎时，心脏、肝脏、胃、食道、肠和肾脏均已发育良好，肾脏上方的性腺已可明显区分出雌雄。

第10天，腿部鳞片和趾开始形成，尿囊在蛋的锐端合拢。照蛋时，除气室外整个蛋布满血管，俗称"合拢"。

第11天，背部出现绒毛，冠出现锯齿状，尿囊液达最大量。

第12天，身躯覆盖绒羽，肾脏、肠开始有功能，开始用喙吞食蛋白，蛋白大部分已被吸收到羊膜腔中，从原来占蛋重的60%减少至19%。

第13天，身体和头部大部分覆盖绒毛，胫出现鳞片，照蛋时，蛋小头发亮部分随胚龄增加而减少。

第14天，胚胎发生转动而同蛋的长轴平行，其头部通常朝向蛋的大头。

第15天，翅已完全形成，体内的大部分器官大体上都已形成。

第16天，冠和肉髯明显，蛋白几乎全被吸收到羊膜腔中。

第17天，肺血管形成，但尚无血液循环，亦未开始用肺呼吸。羊水和尿囊也开始减少，躯干部增大，脚、翅、胫变大，眼、头部日益显小，两腿紧抱头部，蛋白全部进入羊膜腔。照蛋时蛋小头看不到发亮的部分，俗称"封门"。

第18天，羊水、尿囊液明显减少，头弯曲在右翼下，眼开始睁开，胚胎转身，喙朝向气室，照蛋时气室倾斜。

第19天，卵黄囊收缩，连同蛋黄一起缩入腹腔内，喙进入气室，开始肺呼吸。

第20天，卵黄囊已完全吸收到体腔，胚胎占据了除气室之外的全部空间，脐部开始封闭，尿囊血管退化。雏鸡开始大批啄壳，啄壳时上喙尖端的破壳齿在近气室处凿一圆的裂孔，然后沿着蛋的横径逆时针敲打至周长2/3的裂缝，此时雏鸡用头颈顶，两脚用力蹬挣，20.5天大量出雏。颈部的破壳肌在孵出8天后萎缩，破壳齿也自行脱落。

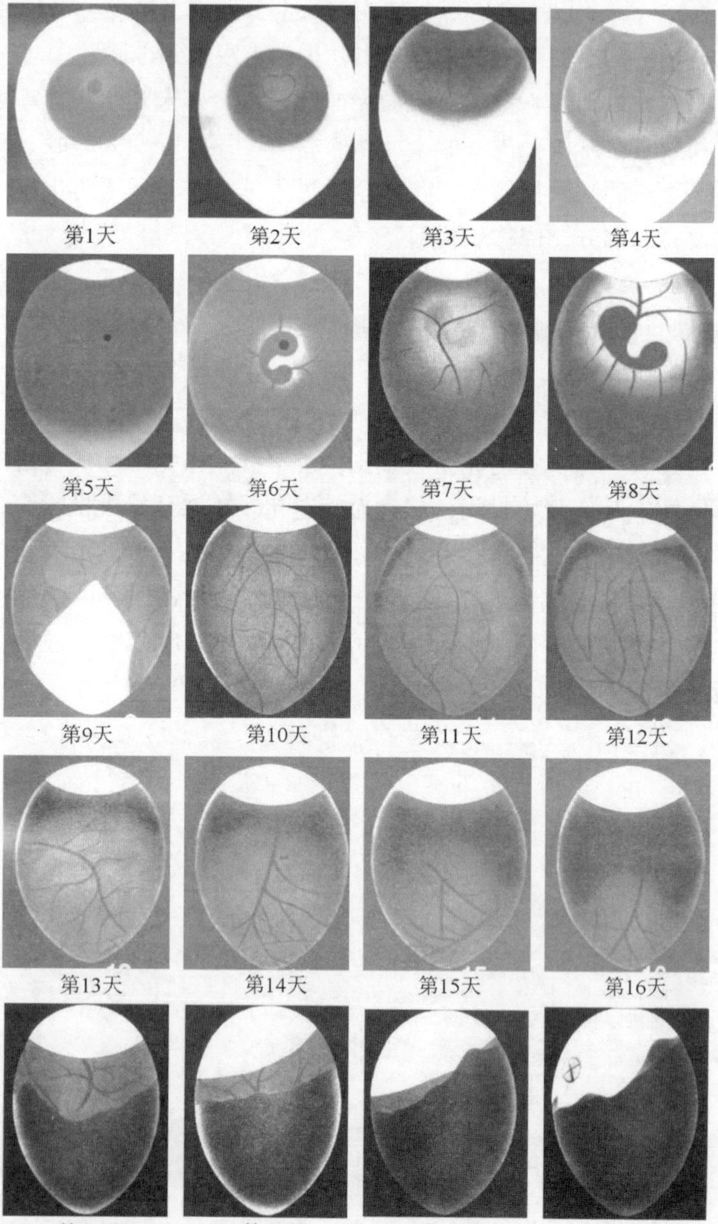

第1天　　第2天　　第3天　　第4天

第5天　　第6天　　第7天　　第8天

第9天　　第10天　　第11天　　第12天

第13天　　第14天　　第15天　　第16天

第17天　　第18天　　第19天　　第20天

图12　鸡的胚胎发育

3. 胚胎发育过程中的物质代谢

发育中的鸡胚胎需要蛋白质、碳水化合物、脂肪、矿物质、维生素、水和氧气等作为营养物质，才能完成正常发育。

（1）水。

蛋内水分随孵化进程而逐渐减少，一部分被蒸发，其余部分进入蛋黄，形成羊水、尿囊液及胚胎体内水分。蛋黄内的水分从孵化的第2天开始增加，第6～7天达到最大量，从第1天的30%增至64.4%。水分来源于蛋白，所以蛋白含水量从54.4%降至18.4%，变成浓稠的胶状物，约12天后水分重新进入蛋白，蛋黄恢复原重，蛋白变稀，以便经羊膜道进入羊膜腔。整个孵化期损失的水分占蛋重的15%～18%。

（2）能量。

胚胎发育所需要的能量来自蛋白质、碳水化合物和脂肪，但不同胚龄的胚胎对这些营养物质的利用不同。碳水化合物是胚胎发育早期的能量来源，而后利用碳水化合物和蛋白质。脂肪的利用是在孵化的第7～11天，胚胎将脂肪变成糖加以利用，17天后脂肪被大量利用。第10天胰脏分泌胰岛素，从第11天起，肝脏内开始贮存肝糖。蛋内脂肪的1/3在胚胎发育过程中被耗掉，2/3储存于雏鸡体内。

（3）蛋白质。

蛋内的蛋白质约47%存于蛋白，约53%存于蛋黄，蛋白质是形成胚胎组织器官的主要营养物质。在胚胎发育过程中蛋白及蛋黄中的蛋白质锐减，而胚胎体内的各种氨基酸渐增。在蛋白质代谢中，分解出的含氮废物由胚内循环带到心脏，经尿囊绒毛膜血液循环排泄在尿囊腔中。第一周胚胎主要排泄尿素和氨，从第二周起排泄尿酸。

（4）矿物质。

在胚胎的代谢中钙是最重要的矿物质，它是从蛋壳中转移至胚胎中。蛋内容物和胚胎中的钙含量自孵化的第12天起显著上升。胚

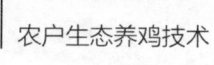

胎发育还需要另一些矿物质，如磷、镁、铁、钾、钠、硫、氮等，其来源主要是蛋内容物。在许多情况下，种母鸡日粮中矿物质缺乏，会使蛋中矿物质含量满足不了胚胎发育所需。

（5）维生素。

维生素是胚胎发育不可缺少的营养物质，主要是维生素A、维生素B_2、维生素B_{12}、维生素D_3和泛酸等，这些维生素全部来源于种母鸡所采食的全价饲料，如果饲料中维生素的含量不足，会影响蛋内含量，极容易引起胚胎早期死亡或破壳难而闷死于壳内。维生素不足也是造成残、弱雏的主要原因。

（6）气体交换

胚胎在发育过程中，不断进行气体交换。孵化最初6天，主要通过卵黄囊血液循环供氧。到10天后，气体交换才趋于完善。第19天以后，胚胎开始肺呼吸，直接与外界进行气体交换。鸡胚在整个孵化期需氧气4～4.5升，排出二氧化碳3～5升。

（二）种蛋孵化的条件

1. 温度

温度是有机体生存发育的重要条件，活的家禽胚胎必须有一个最适宜的环境温度，才能完成正常的胚胎发育，获得高孵化率和健康雏禽。

（1）生理零度。

低于某一温度胚胎发育就会被抑制，要高于这一温度胚胎才开始发育，这一温度被称为"生理零度"，也称临界温度。因为干扰因素太多，生理零度的准确值很难确定。此外，这一温度还随家禽的品种、品系不同而异，一般认为鸡胚的生理零度约为23.9℃。

（2）胚胎发育的温度范围和孵化最适温度。

胚胎发育对环境温度有一定的适应能力，以鸡为例，温度在35～40.5℃，有一些种蛋也能孵化出雏鸡。在环境温度得到控制的前提下（如24～26℃），立体孵化器最适宜孵化温度（1～19天）

为37.5～37.8℃，出雏期间为36.9～37.2℃。另外，最适宜温度还受蛋的大小、蛋壳的质量、家禽的品种品系、种蛋的保存时间、孵化期间的空气湿度等因素的影响。

（3）高温的影响。

胚胎在高于最适宜温度的条件下孵化，会加速胚胎发育的速度，缩短孵化期，孵化率和雏鸡质量会有不同程度的下降。如16日龄鸡胚在40.6℃的条件下，经历24小时孵化率只有轻微的下降，但是在43.3℃的条件下，经历6小时孵化率有明显下降，9小时后会严重下降。孵化温度升至46.1℃，经历3小时或48.9℃经历1小时，所有胚胎将全部死亡。当发生停电事故时，风扇停止运转，热量不均匀，较热的空气上升至孵化器顶部，会造成孵化器上部的种蛋过热，而下部温度不足。

（4）低温的影响。

胚胎在低于最适宜温度的条件下孵化，会发育变缓，孵化期延长。人工机器孵化和自然孵化一样，短时间的降温（0.5小时以内）对孵化效果无明显的不良影响。孵化14天以前胚胎发育受温度降低的影响较大，15～17天即使将温度短时间降至18.3℃，也不会严重影响孵化率。18～21天虽然要求的最适宜温度低，但是温度下降却会对出雏率有严重的影响，如果温度降低到18.3℃及以下，孵化率可能降低到10%及以下。在此期间即使是短时间的停电，也会严重影响出雏率。

（5）恒温孵化和变温孵化。

①恒温孵化。孵化的1～19天始终保持一个温度（如37.8℃），19～21天保持一个温度（如37.2℃）。恒温孵化要求的孵化器水平较高，而且对孵化室的建筑设计要求较高，需保持较为恒定的22～26℃室温和良好的通风。如果达不到要求的室温，可以考虑适当提高孵化温度0.5～0.7℃；室温超过要求的温度，则应该通风降温，如果降温效果不理想，孵化温度应降低0.2～0.6℃。

②变温孵化。根据不同的孵化器、不同的环境温度和不同胚

龄，给予不同的孵化温度。我国传统的孵化法多采用变温孵化。鸡的变温孵化的给温方案见表1。

表1　变温孵化的给温方案

室温/℃	孵化天数/天			
	1~6	7~12	13~19	19~21
15~20	38.5℃	38.2℃	37.8℃	37.5℃
22~28	38.0℃	37.8℃	37.3℃	36.9℃

2. 相对湿度

相对湿度降低，蛋内水分蒸发过快，雏鸡会提前出壳，雏鸡个体就会小于正常雏鸡，容易脱水；相对湿度较大，水分蒸发过慢，孵化时间会延长，雏鸡个体较大且腹部较软。

（1）胚胎发育的适宜相对湿度。

鸡的胚胎发育对环境的相对湿度的要求没有对温度的要求那样严格，一般40%~70%均可。立体孵化器的适宜相对湿度，孵化期（1~19天）为50%~60%，出雏期（20~21天）约为75%。出雏期要求湿度较高的理由是湿度和空气中的二氧化碳作用，使蛋壳的碳酸钙变成碳酸氢钙，使蛋壳变脆，有利于破壳出雏。适宜相对湿度只是针对中等大小的种蛋的平均值，不同大小的种蛋在相同的湿度下水分蒸发比例是不同的，应根据不同的蛋重进行必要的湿度调节（表2）。

表2　不同种蛋重量所需要的相对湿度

蛋重/克	相对湿度/%
52.1	55~65
54.2	52~62
56.7	50~60
59.1	47~57
61.4	45~55
63.8	42~52
66.1	40~50

（2）温度和湿度的关系。

在胚胎发育期间，温度和湿度之间有一定的相互影响。孵化前期，温度高则要求湿度低，出雏期湿度高则要求温度低。一般由于孵化器的最适宜温度范围已经确定，所以只能调节湿度。出雏器在孵化的最后2天要增加湿度，那么就必须降低温度。如果不这样做，对于孵化率和雏鸡的质量都会产生严重的不良影响。孵化的任何阶段都必须防止同时高温和高湿。

3. 通风换气

胚胎在发育过程中，不断与外界进行气体交换，吸收氧气，排出二氧化碳（表3）。为保持正常的胚胎发育，必须供给新鲜的空气，二氧化碳浓度不超过0.5%，如果超过1%，则胚胎发育迟缓，死亡率增加，可能导致胎位不正和畸形。氧气含量为21%时孵化率最高，每减少1%，孵化率下降5%。氧气含量过高孵化率也降低，每增加1%，孵化率下降1%左右，一般情况下不会氧气不足或含量过高。新鲜空气中的二氧化碳含量为0.03%～0.04%，只要孵化器通风设计合理，运转操作正常，孵化室空气新鲜，一般二氧化碳含量不会过高。应注意通风不要过度，通风过度不利于保持温度和相应的湿度。

表3　孵化期间的气体交换（每万枚蛋）

孵化天数/天	氧气吸入量/立方米	二氧化碳排出量/立方米
1	0.14	0.08
5	0.33	0.16
10	1.06	0.53
15	6.36	3.22
18	8.40	4.31
21	12.71	6.64

胚胎发育过程中与外界气体的交换随着胚龄的增加而加强，尤其19天以后，鸡胚开始用肺呼吸，其耗氧更多。胚胎自身的产热量

也随着胚龄的增加呈比例增加，尤其孵化后期胚胎代谢更加旺盛，产热更多，这些热量必须散发出去，否则会造成温度过高，热死胚胎或影响其正常发育。孵化器内的均温风扇，不仅可以提供胚胎发育所需要的氧气，排出二氧化碳，而且还起到均匀温度和散热的作用。海拔较高的地方空气密度小，容易缺氧，如果不采取措施，孵化率会随海拔高度的上升而下降，解决的办法是空气加压和输氧。

4. 转蛋

（1）转蛋的重要性。

转蛋也称翻蛋。刚产下的禽蛋蛋黄由于比重较大而停留在稀蛋白中，但是入孵后蛋黄因比重下降而从稀蛋白中上升，漂浮在上面，如果不转动鸡蛋，蛋黄就会同外层浓蛋白相接触，发生粘连，造成胚胎死亡。转蛋的目的是改变胚胎方位，防止胚胎粘连，使胚胎各部分均匀受热，促进羊膜运动。

（2）种蛋放置的位置和方向。

人工孵化时种蛋的大头应高于小头，但是不一定垂直，正常情况下雏鸡的头部在蛋的大头部位近气室的地方发育，并且发育中的胚胎会使其头部定位于最高位置，如果蛋的大头高于小头，那么上述过程较容易完成。相反如果蛋的小头位置较高，那么约有60%的胚胎头部在小头发育，雏鸡在出壳时，其喙部不能进入气室进行肺呼吸。

（3）转蛋次数、角度和时间。

多数自动孵化器设定的转蛋次数1～18天为每2小时1次，每天12次。每天转蛋6～8次对孵化率无影响。19～21天为出雏期，不需要转蛋。孵化的第一周转蛋最为重要，第二周次之，第三周效果不明显。转蛋的角度应与垂直线呈45°角，然后反向转至对侧的同一位置，转动角度较小不能起到转蛋的效果，太大会使尿囊破裂从而造成胚胎死亡。

（三）人工孵化的管理

1. 孵化前的准备

（1）制订孵化计划。

在孵化前，要根据孵化与出雏能力、种蛋数量及雏鸡销售合同等具体情况制订孵化计划。一般由负责雏鸡销售的人员制订，交由孵化车间主任执行。车间主任根据计划制订一个孵化日程表，以便组织生产。一旦计划制订好后，非特殊情况不能随便更改，以免影响整体计划和生产安排。一般情况下每周入孵2批或每3天入孵1批工作效率较高。如果孵化车间就一班人，不分组时，应把费力、费时的工作安排开，每天都有活干，不能分配不均，手忙脚乱。若孵化任务大时，可安排在16～18天落盘，每月可多入孵1～2批。

（2）准备好所有用品。

入孵前一周应把一切用品准备好，包括照蛋灯、干湿温度计、消毒药品、马立克氏病疫苗、装雏箱、注射器、清洗机、易损电器元件、电动机、皮带、各种记录表格、保暖或降温设备等。

（3）设备检修。

为避免孵化中途发生事故，孵化前应做好孵化器的检修工作。电热设备、风扇、电动机的效率，孵化器的严密程度、温度、湿度，通风和转蛋等自动化控制系统，温度计的准确性等均要检修或校正。

（4）消毒。

孵化器及车间要全面消毒，孵化前要对孵化器、出雏器、出雏盘及车间空间进行全面消毒。首先孵化器要清洗干净，防止水进入控制柜内，防止开机时造成短路烧损电器。然后才能对孵化器和车间进行熏蒸消毒，出雏器也进行同样的消毒。种蛋入孵前也应采用高锰酸钾或新洁尔灭进行严格消毒，以改善孵化效果，提高雏鸡成活率。

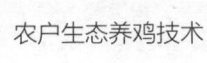

（5）种蛋预热。

入孵前，把种蛋放到22～25℃的环境下4～9小时或12～18小时预热，可使胚胎发育从静止状态中逐渐苏醒过来，减少孵化器温度下降的幅度，除去蛋表凝水，以便于入孵后能立即消毒种蛋，并可提高孵化率。在整机入孵时，温度从室温升至孵化规定温度需8～12小时，这就等于预热了，不必再另外预热。

2. 孵化期的操作管理技术

（1）入孵。

一切准备就绪以后，即可码盘孵化。码盘就是种蛋的装盘，即把种蛋一个一个放到孵化器蛋盘上再装到蛋架车上连车一同推入机器内孵化。人工码盘的方法是挑选合格的种蛋，大头向上，小头向下一个一个地放在蛋盘上。装入蛋架车要做好标记。若分批入孵，新装入的蛋与已孵化的蛋交错摆放，这样可相互调温，温度较均匀。入孵的方法依孵化器的规格而异，尽量整进整出。现在多采用推车式孵化器，种蛋码好后直接整车推进孵化器中。

（2）孵化器的管理。

立体孵化器由于构造已经机械化、自动化，机械的管理非常简单。主要注意温度的变化，观察控制系统的灵敏程度，遇有失灵情况及时采取措施。注意非自动控湿的孵化器，每天要定时往水盘加温水，要注意湿度计的纱布在水中容易因钙盐作用而变硬或沾染灰尘和绒毛，影响水分的蒸发。必须保持纱布的清洁，应经常清洗或更换。应经常留意机件的运转情况，如电动机是否发热，机内有无异常的声响等。孵化器和孵化室的温度、湿度、通风情况也应经常记录、观察。

（3）翻蛋。

翻蛋可每1～2小时翻1次。手动翻蛋要稳、轻、慢，自动翻蛋应先按动翻蛋开关的按钮，待转到一侧45°自动停止后，再将翻蛋开关扳至"自动"位置，以后每小时自动转蛋1次。但遇切断电源时，要重复上述操作。

（4）凉蛋。

孵化后期胚胎散热较快，热量散发不出去就会造成孵化器内温度升高，需要将种蛋从孵化器移出或将孵化器的门打开，使种蛋降温。鸡蛋孵化一般不需要凉蛋，尤其是自动化程度较高的孵化器有降温系统，更不需要凉蛋。传统孵化有时需要凉蛋。鸭和鹅等种蛋比较大的家禽，使用鸡蛋孵化器孵化后期需要凉蛋。凉蛋的方法是18天开始每天凉蛋2～3次，每次20～30分钟。

（5）照蛋。

孵化期内一般照蛋2次，目的是及时检出无精蛋和死精蛋，并观察胚胎发育情况。第一次照蛋时间，白壳鸡蛋在6天左右，褐壳鸡蛋在10天左右；第二次照蛋在移盘时进行。采用巷道式孵化器一般在移盘时照蛋1次。照蛋要稳、准、快，尽量缩短时间，有条件时可提高室温。照完一盘，用外侧蛋填满空隙，这样不易漏照。照蛋时发现蛋小头朝上应倒过来。

（6）移盘。

在孵化第19天或1%种蛋轻微啄壳时进行移盘，将入孵器蛋架上的蛋移入出雏器的出雏盘中，此后停止转蛋。移盘也称移蛋或落盘，移盘时可进行照蛋，以观察胚胎发育情况。移盘时，如有条件应提高室温，动作要轻、稳、快，尽量减少破蛋。出雏期间，用纸遮住观察窗，使出雏器里保持黑暗，这样出壳的雏鸡安静，不致因骚动踩破未出壳的胚蛋，而影响出雏效果。移盘以后，出雏器的温度应调低到36.7℃左右，相对湿度调高到75%左右。

3. 出雏期的操作管理技术

胚胎发育正常时，移盘当时就有破壳的，满20天就开始出雏。此时应关闭出雏器内的照明灯，以免雏鸡骚动影响出雏。出雏期间视出壳情况，捡一次空蛋壳和绒毛已干的雏鸡，以利继续出雏，但不可经常打开机门。出雏期如气候干燥，孵化室地面应经常洒水，以利保持机内足够的湿度。

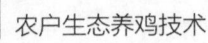

（1）捡雏。

在成批出雏后，每4小时左右捡雏1次。可在出雏30%～40%时捡第一次，60%～70%时捡第二次（叠层式出雏盘出雏法，在出雏75%～85%时，捡第一次），最后再捡1次并"扫盘"。捡雏时动作要轻、快，尽量避免碰破胚蛋。前后开门的出雏器，不要同时打开，以免温度大幅度下降而推迟出雏。捡出绒毛已干的雏鸡同时捡出蛋壳，以防套在其他胚蛋上闷死雏鸡。大部分胚蛋出雏后（第二次捡雏后），将已"打嘴"的胚蛋并盘集中，放在上层，以促进弱胚出雏。

（2）初生雏的选择和技术处置。

在出雏期间必须对初生雏进行认真的选择并根据防疫及用户要求，进行必要的技术处置（包括注射疫苗、带翅号、剪冠和切爪）。①出雏：按家系出雏，每个家系放一个雏盒。登记健雏、弱雏、残雏、死雏数量，然后将该卡放入出雏盒中，进入下一项工作。②鉴别：如果是翻肛鉴别，则每个家系鉴别完毕后，登记公母雏数于"出雏卡"中，清理鉴别盒中的雏鸡，再鉴别另一家系。③带翅号：翅号上打有家系号和母鸡号，将翅号戴在雏鸡翅膀的翼膜处。④剪冠：主要是区分快慢羽，如快羽剪冠、慢羽不剪冠（相反也可以），以便建立快慢羽品系，这样父母代雏鸡可通过羽速鉴别雌雄。⑤预防接种：于第一天接种马立克氏病疫苗，根据实际情况进行其他免疫接种。

（3）清扫消毒。

出雏完毕（鸡一般在第22天的上午），首先拣出死胎（毛蛋）和残雏、死雏，并分别登记入表。然后对出雏器、出雏室、雏鸡处置室和洗涤室彻底清扫消毒。

4. 停电时的措施

大型孵化厂应自备发电机，如没有这种条件，孵化时期应与有关电力部门取得联系，以便停电时能事先做好准备。孵化室应备有加温用的火炉或火墙，在停电前几小时将火炉烧起。停电时使室内温度达到37℃左右（孵化器的上部），打开全部机门，每隔半小时或一小时转蛋1次，保证上下部温度均匀。同时在地面上喷洒热水，以调节湿度。必须注意，停电时不可立即关闭通风孔，以免机内上部的蛋因过热而遭损失。如为临时停电而不超过几小时，则不必升火加温。

5. 孵化记录

每次孵化应将入孵日期、品种、蛋数量、种蛋来源、两次照蛋情况、孵化结果、孵化期内的温度变化等记录下来，以便统计孵化成绩或做总结工作时参考。孵化厂可根据需要按照上述项目需要自行编制记录表格。此外，应编制孵化日程表，以利工作。

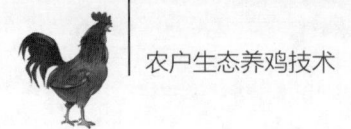

第五章　育雏期的饲养管理

一、雏鸡的选择与运输

（一）初生雏鸡的选择

品质优良的雏鸡，眼大有神，眼向外突出，随时注意环境动向，反应灵敏，叫声洪亮，活泼好动；绒毛长度适中、整齐、清洁、均匀而富有光泽；肛门干净，察看时频频抽动；腹部大小适中、平坦，脐愈合良好、干燥、有绒毛覆盖、无血迹；喙、腿、趾、翅无残缺，发育良好，抓握在手中感觉有挣扎力。劣质雏鸡精神萎靡，缩头闭目，腿脚干瘪，站立不稳，不会注意周围环境及声响，反应迟钝，叫声微弱或嘶哑，不爱活动，怕冷；绒毛蓬乱黏污，缺乏光泽，有时绒毛极短或缺失；肛门周围粘有黄白色稀便，腹部膨大、突出，表明卵黄吸收不良，脐部愈合不好、湿润、有出血痕迹，缺乏绒毛覆盖、明显裸露，抓握在手中感觉无挣扎力。

（二）初生雏鸡的运输

初生雏鸡运输的关键是解决好保温与通气的矛盾，防止顾此失彼。只重视保温，不注重通气，就会造成闷热、缺氧，甚至导致窒息死亡；而只注意通气，忽视了保温，则雏鸡容易受风感冒或拉稀。

运输时间在初生雏鸡毛干并能站稳后即可起运，运输时间应尽量缩短，防止中途延误，一般在出壳后8～12小时运到育雏舍最好。长途运输，最好在24～36小时运到。必须按时开食、饮水，如超过48小时初生雏由于饥饿脱水，强雏变成弱雏，就会降低成活率，造成损失。装运工具最好用专门的运雏箱（用塑料、木板或硬纸板做皆可），一般为长60厘米、宽45厘米、高20～25厘米，箱内用瓦楞纸分成4格，每格装20～25只雏鸡，一箱可装80～100只。箱的上下左右均有通气孔若干个，气孔直径和数量应根据运输季节、天气及运输工具灵活调整。各种雏鸡箱或盒子在使用之前必须认真消毒，有条件的鸡场最好用一次性纸盒。

冬季运雏主要注重防寒保温，防止受凉感冒，同时还要适当通气，不能包装过严。夏季运雏主要注重通风防暑，应避开中午运输，防止烈日暴晒，以免发生中暑，最好在早晚凉爽时运输。

二、育雏前的准备工作

育雏前要做好各项准备，如育雏方式的选择、育雏计划的制订、育雏人员的选择和培训、物质生产资料等准备，做好消毒、维修和试温等工作。

（一）育雏方式的选择

根据育雏占地和空间的不同，人工育雏方式可分为地面、网上和立体三大类。立体笼式育雏是现代化和工厂化养鸡的一种方式，是目前国内外主要采取的育雏方式。

（二）制订育雏计划

根据各场的鸡舍建筑及设备条件、生产规模及工艺流程，制订一个较为缜密的年度进雏计划。具体拟订进雏及雏鸡周转计划、饲料及物资供应计划、防疫计划、财务收支计划及育雏阶段应达到的技术经济指标。

（三）房舍和设备

雏鸡舍要有利于防疫，离其他鸡舍至少应保持100米的距离。如有条件的鸡场，雏鸡与其他鸡不要混养，这样可以减少疾病传染的机会。新建的育雏舍要求地势高燥，并自然干燥一个月左右。育雏舍既要求保温性能良好，又要有利于通风换气。雏鸡舍的建筑有开放式和密闭式两种，应根据当地的气候条件、育雏季节和任务而选定。育雏舍要求光亮适度，环境安静，便于清扫、消毒及饲喂操作。如果改造旧房舍育雏，必须事先维修、清扫、刷洗，地面更换新土，修缮房顶门窗及墙缝裂隙，堵塞鼠洞。准备和检修好取暖、供水及照明设备以迎接进雏。

（四）消毒

育雏舍及设备在上批雏鸡离舍后应立即消毒、清扫、冲洗，为下次接雏做好准备。这样做的目的在于下一批雏鸡入舍前至少有2～4周的无雏间歇期，借以阻断舍内残留的一部分病原微生物的生命周期。必须指出，消毒只能消灭大部分致病微生物，绝不会达到彻底消灭。因此，清扫—冲洗—消毒—间歇综合措施，是消灭病原微生物不可取代的手段。鸡舍消毒时还要认真计算消毒面积，严格控制单位面积的用药量。一般场区鸡舍消毒用0.03%二氧化氯或2%火碱溶液，剂量为每平方米1500毫升。

（五）试温与用具

育雏舍在幼雏入舍前1～2天必须进行试温，使舍温达到育雏温度要求。一旦温度升到规定指标时，打开排风扇至最低档，再加热调整，使之能保持适温。立体育雏要调整笼温，用电热育雏器育雏可将温度控制在32℃。

采用平面育雏时，为了防止雏鸡远离热源，可用铁网、席子或其他材料做成围栏，400～500只一群为宜。2天后，随着雏鸡日龄增长，围栏面积不断扩大，10～15天可将围栏移走。料槽、饮水器要求数量足够、设计合理，保证料、水的供应。料槽必须平整、光滑、采食方便，不浪费饲料，并且便于清刷消毒。

料槽可用木板、镀锌薄板和硬塑料板制成，种类有船式长料槽、吊桶式干粉料料槽和管道式机械给料料槽，可根据鸡的年龄、饲养方式、规模大小及资金条件等选用。料槽的高度也要合适，通常料槽上缘比鸡背高出约2厘米。

饮水器形式根据鸡的大小和饲养方式而定，应清洁、不漏、便于清洗、不易污染等。饮水器要正好放在保温伞边缘之外的垫上，均匀分布，并使饮水器高度同雏鸡背部相平，在雏鸡到达前2～4小时装满水，并在此时开启保温伞，以加热饮水，使水温达到18℃及以上，不能供应凉水。

当计划进雏数和日期确认后，必须准备好最初一周的饲料，饲料的颗粒大小适中，易于采食，且营养丰富、易消化。开食饲料在1日龄内饲喂，常用玉米屑、小米碎末（要事先泡过）等易于采食的饲料。2天后改用配合饲料，也可以一开始就用粉料、颗粒碎裂料开食。

根据养鸡数量备好常用疫苗，如马立克氏病疫苗、法氏囊疫苗、鸡新城疫Ⅱ系或Ⅳ系疫苗、鸡痘疫苗和传染性支气管炎疫苗等。常用药物有痢特灵、氟哌酸、环丙沙星、恩诺沙星、球痢灵、土霉素、青霉素、链霉素、庆大霉素、卡那霉素及磺胺类等抗菌药物。消毒药主要有1210、203、过氧乙酸、爱迪伏、碘伏、火碱、新洁尔灭、百毒杀和抗毒威等。

三、常用的育雏方式

（一）平面育雏

平面育雏可分为地面育雏和网上育雏。地面育雏是指在室内地面上培育雏鸡的方式，供温方式主要包括暖风炉、自动燃气暖风炉、火坑（地下温床）、育雏保温伞、红外线灯、煤炉等。网上育雏是将雏鸡饲养在距地面50～60厘米的铁丝网或塑料网上，网的结构分网片和框架两部分。网采用直径为3毫米的冷拔钢丝焊成，并镀锌进行防腐处理；网片尺寸应与框架相符，网孔2厘米×8厘米或2厘米×10厘米。也可购买塑料网片，网孔2厘米×1.5厘米。对最初7～10天的幼雏最好铺设麻袋或包装用麻布或小网孔塑料垫网，以减少热量的散失，且适宜不同日龄的雏鸡运动、采食、饮水。塑料网上的麻袋（布）应在1周左右拆除。3周龄后拆去小网孔塑料网，使雏鸡直接在金属网或条板网上生活。保温可用热风炉、自动燃气热风炉和电热伞等热源。

（二）立体育雏

立体育雏就是用分层育雏笼培育雏鸡，一般为3～5层叠式笼，每层笼子四周用铁丝、竹竿或木条制成栅栏，料槽和饮水器可排列在栅栏外。雏鸡可通过栅栏采食、饮水。笼底多用铁丝网、涂塑铁丝网，或竹条，鸡粪可由空隙掉到下面的承粪板上，定期清除。加热方式多采用暖气、热风炉或笼内设计电热板。笼内的温度，即离底网5厘米处维持28～29℃，每层温度分为给温区、保温区和散温区。温度适宜时雏鸡均匀分布在笼内的网面上，温度低时雏鸡挤在给温区，温度高时则散在散温区。每层可容雏鸡600～1 000只，随鸡龄增大而降低密度。雏鸡舍离地面1米高处的温度，育雏开始时要求22～24℃，随雏龄增长，笼温与舍温逐渐缩小，3周龄时接近室温，室温最低时应保持18℃。

四、雏鸡的饲养管理

（一）雏鸡的饲养

1. 饮水

（1）饮水方法与饮水空间。

初生雏鸡从温度较高的孵化器出来，在出雏室停留的时间较长，或经过长途运输，都必须适时供应饮水。雏鸡进入育雏室后在开食之前首先要饮水1～2小时后再开食。只有饮上水，才能维持正常的食欲。在人员比较充足的条件下可用滴管给雏鸡逐个滴嘴，或强迫饮水，目的是教会饮水及早饮上水。也可用手抓握雏鸡头部，使喙部插入水盆饮水2～3次。

初生雏鸡进入育雏舍之前应在育雏舍内摆放充裕的饮水器，饮水器要均匀分布，并且饮水器的高度应正好适合雏鸡饮用。为了保持雏鸡舍干燥，可在饮水器下放置两块砖，雏鸡饮水时从口角流下来的水滴在砖头上，能保持饮水器下的垫料干燥。饮水器的大小要根据雏鸡周龄更换。饮水器每天清洗1～2次，并用药物进行消毒。

（2）饮水量。

雏鸡的需水量因具体情况而异。体重越大，生长越快，环境温度越高，雏鸡需水量也越多，水的消耗明显受品种、环境、温度和其他因素影响，一定要灵活掌握。鸡耗水量可参考表4。

表4　不同周龄鸡每百只需水量

周龄	需水量/升	
	<21.2℃	32.2℃
1	2.27	3.30
2	3.97	6.81

续表

周龄	需水量/升	
	<21.2℃	32.2℃
3	5.22	9.01
4	6.13	12.60
5	7.04	12.11
6	7.72	13.22
7	8.52	14.69
8	9.20	15.90

2. 饲喂

（1）开食时间。

雏鸡饲喂的第一步是开食，开食是指雏鸡出壳后第一次吃料。雏鸡孵出后，体内蛋黄还没有被完全吸收，肠胃发育还不适宜消化饲料，蛋黄仍能满足一定时间的营养需要，刚出壳的雏鸡喜欢沉睡，还没有求食表现。但开食过晚会消耗雏鸡体力，影响生长发育。正常情况下，在孵出后24～36小时开食为宜。经过长途运输，刚到达目的地后，不要急于饲喂，最好是遮光休息一会，饮上1～2小时水后再开食；也不要在运输途中饲喂，因为开食后嗉囊变大，在运输途中容易因挤压而造成损伤。

（2）开食方法。

开食前用浅平开食盘或塑料布（厚纸）铺在地面或网上，塑料布要有足够的大小，以便所有的雏鸡能同时采食。为了使雏鸡易于见到和接触到饲料，应将调制好的开食饲料均匀地撒在塑料布或浅盘上面，并增加光亮度，引诱雏鸡前来啄食开食料。初生雏鸡有天生的好奇性和模仿性，只要有少数雏鸡啄食，其他的就会跟着学会啄食。对少数不会采食的雏鸡还要耐心诱导，诱导采食的方法有两种，一是抓几只已开食过的小鸡当开食引导，引导小鸡一见食物后便低头不停地啄食，其他小鸡也能跟随试探啄食，慢慢走向食物中心频频啄食；二是边撒食，边用"吧吧……吧吧"的声音信号呼唤雏鸡前来，小鸡能跟随人的声音和撒食声音去寻找食物，很快地建立起条件反射。应尽力争取在一天之内使所有的雏鸡都开食，为培育整齐的鸡群打下良好的基础。

开食头3天采用23小时光照，这样便于雏鸡有较多的时间自由学习采食，熟悉环境，每天有1小时熄灯休息。育雏的第一天要多次检查雏鸡的嗉囊，以鉴定是否已经开食和开食后是否吃饱，雏鸡采食几小时就能将嗉囊装满，否则就要查清问题的所在，及时纠正，杜绝个别雏鸡"饿昏"与"饿死"的现象出现。为了防止雏鸡有糊肛的现象，建议1～2日龄雏鸡饲喂碎玉米。

雏鸡要少喂勤添，以刺激食欲。最初的几天，每隔3小时喂1次，每昼夜8次。以后随着日龄增长逐步减少到春夏季每天6～7次，冬季、早春每天5～8次。3～8周龄时改夜间不喂，每天4小时一次，即每昼夜4～5次。

随着雏鸡生长，2～3天后逐渐加料槽，待雏鸡习惯料槽时撤去料盘和塑料布，0～3周龄使用幼雏料槽，3～6周龄使用中型料槽，6周龄以后逐步改用大型料槽。料槽的高度应根据鸡背高度进行调整，这样既可防止雏鸡食管弯曲，又可减少饲料浪费。

（3）饲喂空间。

料槽不足时，必然有一些弱雏、胆小的雏鸡站立一边，吃不上料或吃强鸡剩料，导致雏鸡生长发育参差不齐，出现较多的弱雏。为保证雏鸡吃饱吃好，必须备足料槽，保证喂食时雏鸡都能站在料槽边。

（4）喂料量。

雏鸡营养要全面，饲喂量要恰当，还要求能达到各个品种的生长发育指标，可参考表5按照正常耗料量饲喂，如果长时间采食不完，应立即查找原因。可能是饲料突然改变，雏鸡不能立即适应，或者是饲料腐败变质，也可能是雏鸡感染疾病，处于潜伏期。这几种情况都要及时处理。

表5　不同类型雏鸡耗料量

周龄	白壳蛋鸡		褐壳蛋鸡	
	日耗料/ （克·只）	周累计耗料/ （克·只）	日耗料/ （克·只）	周累计耗料/ （克·只）
1	7	49	12	84
2	14	147	19	217
3	22	301	25	392
4	28	497	31	609
5	36	749	37	868
6	43	1 050	43	1 169

（5）雏鸡日粮。

雏鸡日粮中碳水化合物含量较为丰富，热能不至缺乏。配制雏鸡饲料时，重点保证蛋白质、维生素和矿物质的需要。蛋白质是雏鸡生长发育阶段最主要的营养成分，雏鸡日龄越小，对蛋白质营养的要求越高。日粮中粗蛋白质含量在6周龄内应为20%左右，要重点满足蛋氨酸和赖氨酸两种限制性氨基酸的需要。另外，在雏鸡日粮中还应该添加足够的维生素和微量元素添加剂。

（二）雏鸡的管理

1. 接雏准备工作

（1）鸡舍的消毒和准备。

现代养鸡业面临的最大威胁仍然是疾病。鸡群周转必须实行"全进全出"制，以实现防病和净化的要求。当上一批育雏结束转群后，应对鸡舍和设备进行彻底的检修、清洗和消毒。消毒工作结束后铺上垫料，重新装好设备，进鸡前锁好鸡舍（或场区），空闲隔离至少3周待用。尽早启动供热系统，寒冷季节通常需预热24小时。鸡在短时间受凉，也会影响成活率、均匀度和整个鸡群的生产性能。如果鸡舍用甲醛熏蒸消毒，应至少在进鸡前3天加温排风，保证进鸡前彻底排除甲醛气体。

（2）饲养面积和饲喂设备。

根据生产计划、饲养管理方式及雏鸡适宜的饲养密度，准备足够的饲喂和饮水设备。为每500只1日龄雏鸡准备一台电热育雏伞。准备好接雏工具，如计数器、记录本、剪刀、电子秤、记号笔、饲料、药品等。如果1日龄需要免疫，要准备好免疫用苗和工具。

2. 接雏

引进种鸡时要求鸡雏来自相同日龄种鸡群，并要求种鸡群健康，不携带垂直传播的支原体、白痢、副伤寒、伤寒、白血病等疾病。引进的雏鸡群要有较高而均匀的母源抗体。出雏与入舍间隔时间越长对鸡产生的不良影响越大。最理想的时间是出雏后6～12小时内将雏鸡放于鸡舍育雏伞下。冷应激对雏鸡以后的生长发育影响较大，冬季接雏时尽量缩短低温环境下的搬运时间。将雏鸡小心从运雏车上卸下并及时运进育雏舍，检点鸡数，随机抽两盒鸡称重，掌握1日龄鸡平均体重。雏鸡到育雏舍后要先饮水2～3小时，然后再喂料。从出壳到育雏舍运输时间过长，雏鸡会脱水受到较大的应激。如果遇到这种情况，可以在饮水中加葡萄糖的同时加多种维生素、电解质和预防量的抗生素。公雏出壳后在孵化厅还要进行剪冠、断趾处理，受到的应激较大。因此，运到鸡场后要细心护理。

3. 育雏温度

雏鸡体温比成年鸡低1～3℃，对温度反应十分敏感。刚出壳的雏鸡体温调节能力很不健全，必须人工提供适宜的环境温度以利其生长。1～3天，采用34～35℃；4～7天，采用32～33℃，以后每周降低2～3℃，至室温达20℃恒温。降温幅度可据季节而定，夏天降3℃，冬春降2℃。

过冷的环境会引起雏鸡腹泻及导致卵黄吸收不良；过热的环境会使雏鸡脱水。育雏温度应保持相对平稳，并随雏龄增长适时降温，这一点非常重要。细心观察雏鸡的行为表现，可判断保温伞或鸡舍温度是否适宜。雏鸡对温度反应灵敏，温度适宜时，雏鸡活泼好动，食欲良好，饮水适度，羽毛光亮整洁，休息时伏卧于网上或

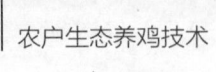

垫料上，头向前伸，嘴贴地，有时翅膀延伸开，侧卧睡觉；温度过低时，雏鸡聚集在热源周围或扎堆，发出尖叫声；温度过高时，雏鸡远离热源，张口喘气，饮水增加。温度调节不仅要根据温度表上的读数，还要随时查看雏鸡行为，以便看鸡施温。育雏人员每天必须认真检查和记录育雏温度，根据季节和雏鸡表现灵活调整育雏条件和温度。

育雏舍调温原则通常是，外界气温低时，舍温稍高些；外界气温高时，舍温要低些；弱雏要高一些，健雏可低些；夜间宜高，白天宜低些。无论是保温伞育雏，还是多层育雏，都应该有一些温度差别，因为即使同一群雏鸡，个体之间对温度要求也并非一致。

随着雏鸡的长大，温度逐渐降低，当室内外温差不大时，就可着手进行脱温。脱温要逐渐进行，即用3～5天的时间，逐渐撤离保温设施，防止脱温太快雏鸡不适应变化而感冒。脱温要避开各种逆境（如免疫、转群、更换饲料等的不良刺激），在鸡群健康无病时进行。脱温的日子要选择风和日暖的晴天。脱温后雏鸡的鸡舍内要保持干燥，料槽、饮水器等设备尽量维持原来的状态，以减轻雏鸡的不适。

4. 育雏期饲喂管理

在公母分开的情况下把整栋鸡舍分成若干个小圈，每圈饲养500～1 000只鸡。此模式的优点是能够控制好育雏期雏鸡的体重和生长发育均匀度，便于管理和提高成活率。育雏料要求全价平衡营养外，还需加工精细，颗粒大小适宜、均匀、适口性好。料盘里的饲料不宜过多，原则上少量勤添，并及时清除剩余废料。母鸡前两周自由采食，采食量越多越好。第三周开始限量饲喂，要求第四周末体重在420～450克。公鸡前四周自由采食，采食量越多越好，让骨骼充分发育。

5. 育雏期饮水管理

雏鸡入舍前，要检查并确保整个饮水系统工作正常，并进行卫生检测确保饮水干净。育雏期鸡舍温度较高，并且水中添加了葡萄糖、维生素等营养物质，这些条件正适宜细菌、病毒的生长繁殖，所以饮水系统的消毒和水的及时更换直接关系到雏鸡的健康。一般要求育雏前三天每4小时清洗1次饮水器和更换饮水，以后每天擦洗2次。水箱每周清洗1次。每月要监测1次饮水卫生。使用乳头饮水器可提高饮水卫生，切断疾病传播途径，降低鸡舍垫草湿度，降低劳动强度，是现代化大鸡场应具备的饮水设施。

6. 育雏期光照管理

雏鸡生长快，需进行限制饲养以保证应有的繁殖性能，为实现这一目的，必须从育雏期开始就有一个合理的光照程序予以配合。1～3日龄雏鸡采取24小时光照，接着采取递减式的光照程序，根据雏鸡体重和体质状况，灵活掌握递减光照时间的进度。正常情况下4～7日龄时采取20小时光照，接着每周减3小时，直到自然光照或育成期的固定光照。

7. 鸡舍湿度和通风

雏鸡的健康生长需要空气中有一定的湿度，不过要求并不是很严格，育雏适宜的相对湿度以56%～70%为宜。在常温下很多地区都可以达到这一要求，但是空气加热后，相对湿度就会随之下降，空气加热1℃，相对湿度就下降3.5%～4%；空气加热10℃，相对湿度就下降35%；加热20℃时，下降70%。

最初一周育雏舍内给予较高的湿度，我国南方不加湿就可以达到，北方等地区则要供湿。第一周保持适宜的湿度对维持雏鸡正常的代谢活动、卵黄吸收、避免脱水、促进羽毛生长都是必需的。补湿的方法可以在育雏室内放水盘，或采用带鸡消毒。这样，既可增加空气中的相对湿度，又可达到净化环境的目的。

通风换气不仅可提供鸡生长所需的氧气，调节鸡舍内温、湿度，更重要的是排除舍内的有害气体、羽毛屑、微生物、灰尘，改善舍内环境。鸡舍内的二氧化碳浓度不应超过0.5%，氨气浓度不应高于标准，否则鸡的抗病力降低，性成熟延迟。通风换气量除了考虑雏鸡的日龄、体重外，还应随季节、温度的变化而调整。育雏前

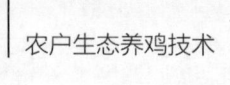

期鸡的个体较小，鸡舍内灰尘和有害气体相对较少，所以通风显得不是十分重要。注意无论何种通风形式，都要保证稳定的气流和风速，杜绝贼风。有窗开放式鸡舍由于门窗有缝隙，最初几天换气无多大困难，不必开窗；密闭式鸡舍启用风机在5日龄后进行，每次启动时间不能太长，次数可随育雏日龄增大而增加。随着鸡只生长逐渐加大通风量。

8. 饲养密度

饲养密度是否恰当，与雏鸡发育和鸡舍是否得到充分利用有很大关系。密度过大，室内空气不好，影响雏鸡发育，雏鸡互相挤压在一起抢食，体重发育不均，影响鸡群的健康，还易发生啄癖；密度过小，鸡舍利用率低，成本高。饲养密度的大小，应根据雏鸡日龄大小、品种、饲养方式、季节和通风条件等进行调整。雏鸡1～2周龄饲养密度，笼养每平方米60只，平养每平方米30只；3～4周龄，笼养每平方米40只，平养每平方米25只。

9. 断喙

为减少饲料浪费和啄伤的发生，肉种鸡要求精确断喙。断喙通常在雏鸡5～8日龄时进行。为保证断喙的质量，断喙时应使用专用设备（断喙器）。

正确的断喙操作方法为拇指置于雏鸡头部后方，食指置于喉部下方，把持雏鸡头部使之稍稍向后倾斜，轻压喉部使舌头后缩，再将其喙部插入断喙孔。切下喙部后应保持伤口在刀片上烧灼2秒以利止血。需注意的是烧灼时间如过长将给鸡带来较强的应激，而烧灼时间过短则其喙部有再生的可能。为保证断喙彻底，必须经常更换刀片，同时操作时必须保持高度注意力。切记断喙操作准确比快速更重要，如操作正确将去除上喙的一半（即从喙尖至鼻孔前缘距离的1/2），剩余的喙部约为2毫米（从鼻孔前缘计）。断喙后数天内要在喂料器中多撒些饲料以减少应激。断喙前于饮水中添加含维生素K的复合维生素同样也可起到减少应激的作用。

第六章　肉鸡的饲养管理

一、肉仔鸡的饲养管理

商品肉鸡具有生长速度较快，饲养周期短，体格发育均匀，整齐度高，饲料转化率高，对饲料的营养要求有较强的适应能力，能量利用能力高，出肉率高、肉品质好等特点。

根据肉鸡的生长发育规律及饲养管理特点，大致可划分为育雏期（0～5周龄）、生长期（6～8周龄）和育肥期（9周龄后或出栏前2周）。但在实际饲养过程中，饲养阶段的划分又受到鸡品种和气候条件等因素的影响。例如，在寒冷的季节，育雏期往往延长至7周龄后，优质肉鸡的羽毛生长比较丰满，抗寒能力较强时才脱温；在气候温暖时，育雏期可提前到4周龄，甚至更短的时间，养殖户可根据实际情况灵活掌握。

（一）生长期的饲养管理

1. 肉仔鸡生长期的发育特点

肉仔鸡生长期对饲料的营养要求有较强的适应能力，生长后期对脂肪的利用能力强。

（1）肉仔鸡生长期具有健全的体温调节能力和较强的生活能力，对外界环境的适应能力和对疾病的抵抗能力明显提高。

（2）肉仔鸡消化能力强，生长迅速，生长期是其肌肉和骨骼发育的重要阶段。整个育成期体重增幅最大，但增重速度不如雏鸡快。体重增长速度随着日龄增加而逐渐减慢，但脂肪沉积随日龄的增加而增多。

2. 肉仔鸡饲养管理要点

（1）饲养方式。

优质肉仔鸡的饲养方式通常有地面平养、网上平养、笼养和放牧饲养4种方式。

①地面平养。地面平养对鸡舍的要求较低，在舍内的地面上铺厚度为5～10厘米的垫料，定期打扫更换即可。或用厚度为15厘米的垫料，一个饲养周期更换一次。平养鸡舍地面最好为混凝土结构；在土壤为干燥的多孔砂质土的地区，也可用泥土地作为鸡舍地面。地面平养的优点是设备简单，成本低，胸囊肿及腿病发病率低；缺点是需要大量垫料，占地面积多些，使用过的垫料难以处理，且常常成为传染源，易发生鸡白痢及鸡球虫病等。

②网上平养。网上平养适合饲养5周龄以上的优质肉仔鸡。5周龄前在育雏舍培育，5周龄后转群到网上饲养，有利于充分利用育雏设备和加快雏鸡后期的发育。网上平养的设备是在鸡舍内饲养区全部铺上离地面高60厘米的金属网，或木、竹栅条，或用钢筋支撑的金属地板网上再铺一层弹性塑料方眼网。鸡粪落入网下，减少了消化道病的再感染，尤其对球虫病的控制有显著效果。木、竹栅条平养和弹性塑料网平养，胸囊肿的发生率可明显减少。网上平养的缺点是设备成本较高。

③笼养。近年来，优质肉仔鸡越来越广泛地应用笼养。鸡笼的规格很多，大体可分为重叠式和阶梯式两种，层数有3层、4层，也有些养鸡户采用自制鸡笼。笼养与平养相比，单位面积饲养量可增加1倍左右，有效地提高了鸡舍利用率。由于鸡限制在笼内活动，采食量及争食现象减少，发育整齐，增重良好，育雏率高，可提高饲料效率5%～10%，降低总成本3%～7%。鸡体与粪便不接触，可有效地控制鸡白痢和鸡球虫病蔓延。笼养不需垫料，可减少垫料开支及舍内粉尘，转群和出栏时，抓鸡方便，鸡舍易于清扫。过去，肉鸡笼养存在的主要缺点是胸囊肿和腿病的发生率高，近年来，改用弹性塑料网、竹片代替金属底网，大大减少了胸囊肿和腿病的

发生。

④放牧饲养。在6周龄以后也可采用放牧饲养，即让鸡群在自然环境中活动、觅食，人工饲喂，夜间鸡群回鸡舍栖息。该方式一般是将鸡舍建在远离村庄的山丘或果园之中，鸡群能够自由活动、觅食，并能得到阳光照射和进行沙浴等，可采食虫草、沙砾和泥土中的微量元素等，有利于优质肉仔鸡的生长发育，鸡群活泼健康，肉质特别好，外观紧凑，羽毛有光泽，不易发生啄癖。

（2）饲养密度。

肉仔鸡是适合于高密度饲养的，但究竟密度多大为好，要根据具体情况和条件而定。育成鸡无论是平面饲养还是笼养，都要保持适宜的密度，才能使个体发育均匀。适当的密度不仅增加了鸡的运动机会，还可以促进育成鸡骨骼、肌肉和内部器官的发育，从而增强体质。

（3）饲养管理方式。

①全进全出制度。全进全出就是在同一栋鸡舍同一时间只饲养同一日龄的肉仔鸡，全部雏鸡在同一天开食，同一天出场。全进全出制度的优点是：在一定时间内全场无鸡，并进行全面消毒，既可消灭病原体，又可杜绝新老鸡互相传染疫病，便于鸡群的管理和落实技术措施。全进全出制度与过去连续式生产制度相比，肉鸡生长速度快，饲料报酬高，成活率高。

②实行公母分群饲养制。公雏、母雏生理基础不同，因而对生活环境、营养条件的要求和反应也不同。其主要表现为：生长速度不同，沉积脂肪的能力不同，母鸡比公鸡易沉积脂肪，反映出对饲料要求不同；羽毛生长速度不同，公鸡长羽慢，母鸡长羽快，表现出胸囊肿的严重程度不同。公母分群饲养制有利于提高增重率、饲料转化率和群体均匀度，以便在适当的日龄上市。

公母分群后应采取下列饲养管理措施：

分期出售。母鸡在40日龄以后，体脂和腹脂蓄积程度较公鸡严重，饲料利用率相应下降，经济效益降低。因此，母鸡应尽可能提

前上市。

按公母调整日粮营养水平。公鸡能更有效地利用高蛋白质饲料，母鸡则无法利用高蛋白质饲料，而且会将多余的蛋白质在体内转化为脂肪。

按公母提供适宜的环境条件。公鸡羽毛生长速度慢，前期需要稍高的温度，后期公鸡比母鸡怕热，温度宜稍低；公鸡体重大，胸囊肿比较严重，应给予更松软、更厚的垫草。

③合理的营养水平。在日粮中要给雏鸡供给高蛋白质饲料，以提高成活率和促进早期生长。为适应其生长周期长的特点，从中期开始要降低日粮的蛋白质含量，供给沙砾，提高饲料的消耗率。生长后期，提高日粮能量水平，最好添加少量脂肪，对改善肉质、增加鸡体肥度及羽毛光泽有显著作用。

④适宜的密度。育成期饲养密度一般为30只/平方米，进入生长期后应调整为10～15只。食槽或料桶数量要配足，并升高饲槽高度，以防止鸡只挑食而把饲料扒到槽外，造成浪费。同时保证充足、洁净的饮水。

⑤保持稳定的生活环境。由于优质肉仔鸡的适应性比快大型肉鸡强一些，所以鸡舍结构可以比较简单，但在日常管理中要注意天气变化对鸡群的影响，保持环境相对稳定，减少高温和寒冷季节造成的不良影响。

⑥加强卫生防疫。鸡舍要经常清扫，定期消毒，保持清洁卫生，并做好疫苗的预防接种工作。饲料中添加抗菌、促生长类保健添加剂，以预防传染性疾病的发生。要根据鸡龄和地区发病特点确定免疫程序。

（4）夏季和冬季管理。

夏季天气炎热，鸡群容易发生强烈的热应激，表现为采食减少，增重慢，死亡率高。冬季气温低，鸡的食欲旺盛，疾病危害较小，成活率高。但是保温的燃料费较高，饲料消耗稍多，饲养成本也高。

夏季的管理要点是做好防暑降温工作。①降温措施的实施：鸡羽毛稠密，无汗腺，散热困难。夏天必须采取降温措施。鸡舍要隔热性能良好，通风顺畅，有条件可采用电动鼓风机及使用水帘降温系统，没有条件的可以选择在屋顶洒水降温。②在饲喂上，除供给充足的饮水，还要调整日粮结构和饲喂方式：日粮蛋白质含量提高1%～2%，多种维生素也要提高0.3～0.5倍；炎热时停喂，让鸡休息，减少运动散热；在饲料或饮水中添加抗应激药物，在每千克日粮中添加杆菌肽粉0.1～0.3克；在饲料中添加150～300毫克/千克或在水中加100毫克/升的维生素C，白天饮用；在饲料中加入0.4%～0.6%或在水中加入0.3%～0.4%的小苏打，白天食用，注意在使用小苏打时要减少食盐用量；在饲料中补加0.2%～0.3%或在水中补加0.1%～0.2%的氯化钾；搞好环境卫生，加强疾病防治；清除蚊蝇，保持垫料干燥松软；湿度不能过高；食槽、水槽要经常清洗，定期消毒，及时预防接种，加强对白痢、球虫、曲霉菌病的防治。

冬季的管理要点是防寒保温，正确通风，降低舍内湿度和有害气体含量等，在饲养过程中应注意以下几个方面：

①做好保温工作。鸡舍要维修好，杜绝贼风，窗户要用塑料膜封严，调节好通风换气口。

②防止冷风直接吹袭鸡群，减少鸡只热量散失。

③在保温的同时，搞好通风管理，排出湿气和有害气体。

④适当提高日粮的能量水平。

⑤注意防治鸡的呼吸道、消化道疾病和维生素缺乏症。

（二）育肥期的饲养管理

在育肥阶段，鸡只已经避开多种疾病的易发阶段，整个体型、骨架已经形成，在没有外界较强攻击的情况下，应充分考虑饲养效益，在上市前两周适当调整饲养方式，开始育肥。此期的饲养要点是促进鸡体内脂肪的沉积，增加肉鸡的肥度，改善肉质和羽毛的光

泽度，做到适时上市。

肉仔鸡的育肥方法：用高能量、中（或低）蛋白的混合料全天供应，最好是采用混合粉料或颗粒料。

1. 育肥期的管理

（1）选择适合的品种和适宜的育肥期。

选择适合的品种是首要的条件，不能用蛋鸡，也不能用商品代肉用仔鸡来进行育肥。比较适于进行后期育肥的鸡种，有惠阳胡须鸡、清远麻鸡、杏花鸡等地方品种。这类鸡前期放养，若以农家饲料为主时，一般在5～6个月，青年母鸡体重在1.1～1.3千克时才能进行育肥。若是在舍饲条件下以配合日粮为主的肉仔鸡，一般在13～14周龄便可进行育肥。

（2）育肥鸡的个体选择。

选择健康无病、发育均匀、体重为1.1～1.2千克的尚未产蛋的青年小母鸡或体重为1.5～1.7千克的去势阉鸡进行育肥。

2. 育肥期的饲料配合与调制

饲料是影响鸡肉味道的因素之一，在后期育肥的饲料中最好不要加入动物性蛋白质饲料。肉仔鸡育肥期饲料以能量饲料为主，在饲料干物质中粗纤维的含量低于18%的，均属能量饲料，如玉米、高粱、大麦等。除此之外，还应有一定比例的蛋白质饲料，配方中蛋白质水平不应超过14%。若能量不足，可在配合日粮中加入2%稳定性好的脂肪，其育肥效果明显，并且鸡的羽毛光泽有较大的改观。适当补充含有丰富的维生素、无机盐（包括食盐）的饲料，补充量不要超过日粮的2%。

3. 育肥鸡的饲养环境要求

育肥鸡饲养环境的要求与其他鸡大致相同，在舍饲与高度集约化饲养的情况下，育肥鸡常采用笼养，鸡被限制活动，能量消耗明显降低，体脂存储加快。有时还可采用暗室育肥，使鸡处于安静的环境中，这不仅更有利于育肥，还可使鸡的表皮更为细嫩。放开散养时要求环境较阴凉，并尽量减少运动量。

4. 饲养要点

育肥期前把肉仔鸡按大小、公母、强弱分群，以高能量、低蛋白饲养，让其自由采食，并提供充足饮水。育肥的鸡最好采食颗粒饲料，4～10周龄鸡颗粒饲料的直径为5毫米左右。

二、肉种鸡的饲养管理

饲养肉用种鸡的任务是为了提供尽可能多的合格的种蛋，从而获得健壮且肉用性能优良的肉用雏鸡。因此，在肉用种鸡生产中一方面要求种鸡具有优良的遗传性能，另一方面要加强鸡群的饲养管理，特别做好限制饲养和光照工作，确保种鸡具有良好的繁殖体况，努力提高产蛋率和种蛋的受精率。

种鸡或蛋鸡育成期的管理目标是：促进成鸡的体成熟和性成熟，达到育成率高、体重达标、均匀度高、抗体高且均匀，适时开产。育成期的中后期种鸡生殖系统发育速度加快，性器官发育尤为迅速。这段时期饲养管理的好坏，决定了鸡在性成熟后的体质、产蛋性能和种用价值，因而要严格控制光照和体重，控制性器官不要过早发育，使其适时开产，顺利完成由育成期到产蛋期的过渡。

（一）育成期的饲养管理

肉种鸡育成期指4周龄末育雏结束到24周龄末开始产蛋这一时期，育成期是肉种鸡生长发育的关键阶段，有持续时间长、工作量多、管理难度大等特点。

1. 育成期生长发育特点

（1）具有健全的体温调节能力和较强的生活能力，对外界环境的适应能力和对疾病的抵抗能力明显增强。

（2）育成期是肌肉和骨骼发育的重要阶段，消化能力强，生长迅速。整个育成期体重增幅最大，但增重速度不如雏鸡快。体重增长速度随着日龄增加而逐渐减慢，但脂肪沉积随日龄的增加而增多。

（3）育成期的中后期种鸡生殖系统发育速度加快直至性成熟。100日龄以后小母鸡卵巢上的卵泡开始逐渐长大，积累营养物质，到后期18周龄以后，性器官发育尤为迅速。要严格控制光照和体重，控制性器官不要过早发育，使其适时开产，顺利完成由育成期到产蛋期的过渡。

2. 育成期饲养管理

（1）饲养面积。

肉种鸡通常在垫料地面上平养育成。公鸡的饲养密度不宜过大，否则影响种公鸡的体格（尤其影响脚趾、脚掌、胫骨、龙骨）和睾丸的发育，最终影响繁殖性能。

（2）饮水、饲喂及垫料管理。

鸡群要保证有足够的饮水面积，保证充足饮水，高温炎热天气或鸡群处于应激情况下不可限水。合理的饲喂可使所有鸡同时得到等量的饲料，从而保证鸡群生长均匀。选择吸水性好、松软的优质垫料，保持垫料干燥，特别注意饮水器下有无潮湿。潮湿结块的垫料要及时移出鸡舍，以免受到球虫及其他致病菌影响，并补充新鲜且干燥的垫料。

（3）通风管理。

育成期鸡群密度大，鸡舍内产生的灰尘、有害气体较多，所以通风显得很重要。通风影响到鸡舍温度、垫料湿度、鸡舍内空气新鲜程度等多方面，所以配备有效且合理的通风系统是有必要的。夏季育成鸡舍通风越大越好，冬天则需要在保证舍温的前提下尽量多通风，温度低影响鸡群生长发育或生产性能，通风不好容易发生呼吸道疾病，影响鸡群健康和成活率。

（4）光照管理。

正确运用光照时间、强度和限制饲养措施，是保证肉种鸡饲养成功的关键。光照刺激对肉种鸡性成熟非常重要，在遮黑式鸡舍，光照强度要求在10勒克斯以下，以鸡能找到料槽和饮水器为准。如果鸡舍有漏光现象要及时补封，达到完全遮黑程度。20周龄以前不需要有太长的光照刺激，这一时期可采用自然渐减或人工渐减或恒定时间的光照方案。育成期不能随意改变光照时间和光照强度。

（5）限制饲养。

肉种鸡在育成期具有吃得快、吃得多、消化快、吸收好、增重快等特点。因而在育成期需要对种鸡群采取限制饲养措施，以防鸡群超重、过肥，对种鸡产蛋性能有负面的影响。所以，肉种鸡育成期必须采用有效的措施来控制体重。限制饲养还可使性成熟适时化、同期化；提高种蛋合格率；减少产蛋期的死亡率和淘汰率；提高种蛋受精率、孵化率和雏鸡品质；节省饲料消耗，从而全面提高种鸡饲养的经济效益。

（6）及时更换产蛋料。

育成母鸡在100日龄左右卵巢发育比较迅速，生殖机能旺盛，18周龄时就有部分母鸡开始产蛋，此时要提高饲料营养水平以满足鸡的营养需要。特别要增加体内钙的储备，以满足蛋壳形成的需要。因此，适时更换产蛋料十分重要，具体操作方法有以下3种：

①在17周龄未见蛋时就换用产蛋料，其优点是增加体内钙的储备量，缺点是没有一个缓冲过程，容易增加肾脏负担，也易引起产蛋前期鸡群腹泻。

②在18周龄体重达标全群见蛋时立即换料，其优点是能提高鸡只体内钙的储备能力，缺点是在鸡群均匀度差时难以掌握，效果不佳。

③鸡群在16～17周龄时喂2%的钙料（产前料），当鸡群产蛋率达5%时立即更换产蛋料，其优点是能使体内的钙有一个从少到多的蓄积过程，缺点是达5%产蛋率时换料不及时，会影响以后的产蛋率。总之，无论采用哪种换料方法，都要根据鸡群体重和发育情况，及早更换产蛋料，对鸡将来产蛋有利，而过晚使用钙料则易出现产软壳蛋现象。

（7）育成鸡的选择与淘汰。

育成过程应注意观察，定期称重，不符合标准的鸡只应尽早淘

汰，以免浪费饲料、人力和物力，增加饲养成本。第一次选择应在6～7周，第二次在17～20周，可结合转群进行。育成期种鸡的选种与淘汰是一项非常重要的工作。高质量的后备鸡是种鸡及商品蛋鸡经营得以成功必不可少的条件，只有对其进行合理的选择，才能提高整个鸡群的种用价值，提高合格种蛋的数量，提高肉种鸡的质量和档次，从而提高饲养效益。因此，在鸡群的培养过程中，必须对鸡群加强选择和淘汰。育成鸡的选择与淘汰的方式有两种：

①集中挑选。集中挑选一般结合转群同时进行。第一次在6～7周龄由雏鸡转到育成鸡时进行，重点是对畸形、发育不良和病鸡进行淘汰。畸形包括喙部交叉、单眼、跛脚和体形不正等。发育不良的表现有眼、冠、皮肤苍白，特别消瘦等。第二次选择在12～13周龄时进行，主要是对公鸡的淘汰。由于公鸡留种数量少，要加大选择强度，选择发育良好、冠大鲜红、体重大的个体，体重是选择的重点。第三次选择在18周龄转入产蛋鸡舍前进行，主要是对母鸡的选择，观察母鸡的全身发育状况，要逐只选择，淘汰不良的个体。

②分散淘汰。为了节约饲料，降低生产成本，在整个育成期各个阶段，每周要集中1天把畸形、发育不良的个体从鸡群中挑出，以保住种群质量。分散淘汰对开放型饲养场至关重要。

（二）产蛋期的饲养管理

种鸡或蛋鸡产蛋期管理的中心任务是为鸡群创造适宜与卫生的环境条件。种鸡产蛋期管理的主要任务是为种鸡繁殖提供一个舒适稳定的环境，保证其营养需要，充分发挥其遗传潜力，产出尽可能多的合格种蛋。同时降低鸡群的死淘率与蛋破损率，尽可能地节约饲料，最大限度地提高鸡群的经济效益。

1. 产蛋期的管理

（1）喂料量。

鸡群开产后，要考虑产蛋率、采食时间、体重等几个因素来决定喂料量。

种母鸡开产后喂料量的增长应先于产蛋率的增长，这是因为鸡需要足够的营养来满足生殖系统快速生长和发育的需要，且卵黄物质的积累也需要大量的营养。鸡群的均匀度水平直接决定了鸡群到达产蛋高峰的快慢。若鸡群产蛋率上升快（每天上升3%～4%），产蛋率到30%时应给予高峰料。对于开产后产蛋率上升较慢（每天1%～2.5%）的鸡群，高峰料最好在产蛋率为35%～40%时再给。

采食时间的长短直接反映喂料量是否过多或不足。每天应记录采食时间，作为管理鸡群的"指标"之一。采食时间快，说明需要饲喂更多的饲料，反之说明喂料量过多。当然，要注意气温、隔鸡栅栏尺寸和饲料本身等均会影响采食时间的长短。

鸡每天摄入的大部分营养主要用于维持生长需要。因此，体重越大的鸡需要的饲料量也就越多。如果鸡群超过其标准体重，那么在产蛋期就应增加其喂料量，鸡如果在到达产蛋高峰期前没有得到足够的体重增长和营养积蓄，则无法取得良好的产蛋高峰且不能维持较长的高峰期。

（2）适时调整饲喂。

产蛋母鸡每天摄入的营养用于其体重的继续增长、产蛋的支出、基础代谢和繁殖活动的需要。设计饲料配方时要按鸡对能量、粗蛋白、氨基酸、钙、磷等的日需要量标准计算，根据产蛋阶段的变化及采食量的变化调整饲料配方。若产蛋高峰期体重减轻，意味着体内储能过多被动用，如从日粮中得不到及时补充，则无法保证母鸡每天摄入足够的营养。

产蛋高峰后，种鸡增重速度下降，同时产蛋量也减少。产蛋高峰后减料应果断进行，依据饲养标准及时调整饲料配方中的各种营养成分的含量，以适应鸡的需要。如果产蛋下降幅度大于正常值，同时又无其他方面的影响（气候、缺水等）时，则需恢复原来的料量，并且一周内不要再尝试减料。由于采食时间是喂料量是否适当的特征，因此采食时间过长，也需要进行减料。另外环境因素也是进行减料时必须考虑的重要因素，特别是处于气候多变的季节（如

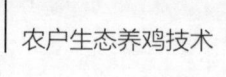

夏秋之交）时。如预计气温将降低，则较为缓慢地减料；预计气温升高，减料幅度可稍大一些。鸡的体重也是判断减料量是否合适的重要特征，产蛋高峰后鸡群体重会每周增加。

（3）创造适宜高产的饲养环境。

鸡舍内的适宜环境对于保证生产力的正常发挥是至关重要的，体现为以下几个方面：

①保证鸡舍内的安静，鸡舍内和鸡舍外周围要避免噪声的产生，饲养人员与工作服颜色尽可能稳定不变，以免引起鸡群恐慌。

②常备清洁饮水：鸡的饮水质量一定要符合国家规定的标准。注意饮水器和水槽要定期清洗消毒，避免细菌滋生。有条件最好安装乳头式饮水系统。

③合理的饲养密度：密度过大，在生产中会带来一系列的问题，应引起饲养者注意。

④合理的光照：从18周龄开始，增加光照时间和光照强度，然后采用恒定法固定光照时间和光照强度，持续到产蛋期末，尤其产蛋高峰期不能随意变动、减弱光照时间和光照强度。对于开放式鸡舍，受自然光照影响，鸡舍的光照时间应尽量接近最长的自然光照时间，不足部分用人工光照补充。产蛋鸡光照时间应恒定在16~17小时，光照强度为2~3瓦/平方米。灯泡在舍内分布的大致规定是：一般灯泡距地面高度为2.0~2.4米，灯泡之间的距离是其高度的1.5倍。舍内如果安装两排以上的灯泡，各排灯泡要交叉排列，以使光线分布较均匀。笼养鸡要注意将灯泡设置在两列笼中间上方，以便灯光射至料槽、水槽。要特别注意的是人工补光开灯时间应保持稳定，忽早忽晚地开灯或关灯都会引起部分母鸡的停产或换羽。有条件的鸡场光照时间控制最好用定时器，光照强度用调压变压器，并经常擦拭灯泡，保证其亮度。

⑤适宜的温度、湿度和通风。

温度：温度适宜是保持产蛋率平稳和节省饲料所必需的，温度过高或过低都会影响鸡群的健康和生产性能，致使产蛋量下降、饲料报酬降低，并影响蛋壳质量。鸡对温度有一定的适应能力，产蛋鸡适宜温度为13～27℃，最佳温度为18～23℃，尽量使环境温度不低于8℃和不超过30℃。舍温要保持平稳，不要突然变化，忽高忽低，更不要有贼风侵入。冬季注意保温，夏季要采取相应防暑降温措施，如屋顶加厚或涂白，环境绿化，植树遮阴；地面、屋顶喷水降温，安装排风扇、加大通风量；日粮中增加维生素给予量，特别是维生素C的给予量，要占日粮的0.1%～0.2%。

湿度：鸡舍内湿度来源于鸡群呼出的气体、粪便蒸发的水分、水槽内蒸发的水分和大气中原有水分等。产蛋鸡的最佳相对湿度为55%～65%，夏季可在鸡舍过道中洒水以增加空气湿度，秋冬季湿度偏高时可加大排风量，以降低空气中水蒸气含量，需要强调的是一年四季都应尽量降低鸡粪中的含水量，这样不仅可以控制湿度，也能防止空气中有害气体的挥发。

通风：通风要根据鸡舍内的温度、湿度、有害气体浓度、空气中氧气含量及空气气流等适当调整。鸡舍的温度、相对湿度和通风速度对饲料消耗及整个产蛋期性能的影响都很大。适当的通风有助于提供良好的环境，可获得更高的产蛋量。对于开放式鸡舍的通风应遵循以下5个原则：提供新鲜空气；排除废气；控制温度；控制湿度；排除灰尘。

密闭式鸡舍的通风多采用纵向通风、湿帘降温的方法，要求舍内空气和二氧化碳含量控制在每立方米1 500毫克，硫化氢含量控制在每立方米10毫克以下，氨气含量控制在每立方米15毫克。鸡舍内空气中的灰尘含量控制在每立方米4毫克以下。

（4）蛋鸡日常管理。

①观察鸡群及时挑出停产鸡。观察鸡群的目的在于掌握鸡群的健康与食欲等状况，挑出病鸡，拣出死鸡，以及检查饲养管理条件是否符合要求。每天均应注意观察鸡群，发现食欲差、行动缓慢的鸡应及时挑出并进行隔离观察治疗。如发现大鸡群突然出现死鸡且数量多，必须立即剖检，分析原因，以便及时发现鸡群是否有疫病

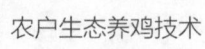

流行。每日早晨观察粪便，对白痢、伤寒等传染病要及时发现。每天夜间闭灯后，静听鸡群有无呼吸症状，如干啰音、湿啰音、咳嗽、喷嚏、甩鼻，若有必须马上挑出，隔离治疗，以防疾病传播蔓延。

停产鸡一般冠小萎缩，皮肤粗糙而苍白，眼圈与喙呈黄色。主翼羽已脱落、耻骨间距离变小、耻骨变粗者应淘汰。对于一些体重过轻、过肥和瘫痪、瘸腿的鸡也应及时淘汰。

②应经常观察鸡蛋的质量。注意观察蛋壳，蛋白、蛋黄浓度，蛋黄色素，血斑、肉斑蛋，沙皮蛋，畸形蛋等，如果蛋大、破蛋率高等应及时分析原因，并采取相应措施。

③随时观察采食量。观察鸡的采食量情况，每天计算耗料量，发现鸡采食量下降应及时找出原因，加以解决。

④保持良好的环境条件。保持舍内清洁卫生，每天至少清粪1次，寒冷季节要在中午换气时清粪，以便及时排出氨气。保持舍内干燥，饮水系统要经常检查，饮水器不要漏水和溢水。灯泡要每周擦1次，坏灯泡要及时更换，以保证应有的亮度。工作人员在舍内动作要轻，不要有特殊声响，尽量避免引起鸡群的骚动。

⑤捡蛋。捡蛋时间要固定，每日上午、下午各捡1次（产蛋率低于50%时，每日只可捡1次）。捡蛋时要轻拿轻放，尽量减少破损，破蛋率不得超过3%。鸡蛋收集后立即用福尔马林熏蒸消毒，消毒后送蛋库保存。

（三）肉用种公鸡的饲养管理

1. 种公鸡的选留

种公鸡的优劣对鸡群的影响较母鸡大，因此，必须认真挑选，最终达到既符合品种特征又具有良好繁殖力的目的。

应特别注意对种公鸡体型外貌的选择。采精公鸡必须来自双亲健康、高产、具有品种优良特征性状的后代。其外观发育良好、体格健壮、肌肉结实、前胸宽阔、眼睛明亮有神、灵活敏捷、叫声清亮；腿脚粗壮，脚垫结实富有弹性；羽毛丰满有光泽；第二性征明显，鸡冠和肉髯发育良好、颜色鲜红。鸡冠等鲜红色的性状与精液品质呈正相关。种公鸡的选留要注意以下几点：

（1）种公鸡要经过3次筛选。首次选择应在45～50日龄，从育雏开始便有计划选留健康活泼、发育良好、鸡冠生长快的小公雏；体重必须达到该品种的标准要求。

第2次选择在120～150日龄，此日龄段是关键期，鸡的生长发育和体重要符合标准。要选择羽毛光润、生长快、体躯魁伟、姿态雄壮、胸肩宽阔、骨骼坚实、腿爪强健、冠红、眼明亮的公鸡，不符合种用要求的公鸡要及时进行淘汰。

第3次选择在150～160日龄，也就是将公鸡投放在母鸡群里，做全面选择，选留体质强健、雄性表现强的公鸡，主要选择性反射功能良好的公鸡。此时可根据外貌和生理特征进行选择，应选留全身各部位匀称、发育良好、体质良好、体形较大、羽毛丰满、精力旺盛、姿势雄伟、步伐健壮有力及雄性特征显著的鸡只作种用。

当选留单冠种用公鸡时，要求鸡冠大、直立、鲜红饱满、有温暖感，肉垂红而细致、左右对称、皮肤柔软有弹性、胸宽而深、向前突出，龙骨直而长，背宽而直，鸡腿直，脚底和趾无肿大。在公鸡留用期中，要特别注意脚、趾，因为脚、趾的健康状况良好与否，直接影响配种能力，若该公鸡有不少优点，但脚、趾有病，则也无法配种，不能利用。为了提高鸡群的繁殖力，必须及时将脚、趾等有病的公鸡进行淘汰，否则会影响鸡群的生产力。

（2）留种公鸡既要看体形外貌，也要注重生长发育。公鸡过肥，精子密度减少、活力下降；过瘦则性反射不强，繁殖机能低下。凡性成熟较晚、体重过大过小或无雄性特征的，不管其他指标如何均应淘汰。公母比例可按1：40预留。

（3）以性反射初定优劣。采精公鸡性反射要强，挑选时用拇指和食指刺激公鸡尾根，能往上高高翘起、泄殖腔周围松弛干净、乳状突外翻充分者日后采精训练条件反射才容易形成，往往1次按

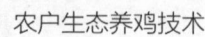

摩采精便可成功。

（4）精液品质是影响受精率的关键性因素之一，选种时应对精液品质进行全面检查、综合评定。

（5）鸡的正常精液为乳白色浓稠液体，射精量为0.4～1.0毫升。精子密度品种（品系）个体间差异较大，一般为25～40亿/毫升，密度和受精率密切相关，相关系数为0.3～0.4。密度越大，活力越强，呈直线前进运动精子越多，受精率越高。人工授精公鸡精子密度和鲜精活力分别应达3亿/毫升和0.95为好。

（6）精子形态和受精率明显相关，鸡正常精子畸形率为5%～15%，输精后1周受精率与精子畸形率间相关系数为−0.86。打架凶猛的公鸡，精液品质不一定优良。生产中应选择射精量多，精子活力强、密度高、畸形率低、无污染，性欲旺的公鸡留种。

2. 种公鸡日粮与营养

日粮中能量不足会使公鸡处于能量负平衡状态，使体重下降、睾丸体积变小、精液量减少；相反，能量过高会使脂肪沉积、体重增加，造成采精困难。笼养种公鸡应限制饲养。生产实践证明，代谢能为11～12兆焦/千克的日粮，既可控制体重增加，又可保证在繁殖期内产生品质优良的精液。

（1）种公鸡育雏期间粗蛋白质饲料要占日粮的18%～19%、育成期占12%～14%、繁殖期占14%～16%。在保证蛋白质水平的基础上，平衡蛋氨酸、赖氨酸水平就可以保证公鸡具有较高的繁殖率。精氨酸和蛋氨酸直接参与精子生成，在日粮中补充0.3%或0.5%的精氨酸，能使公鸡每次射精总量分别增加8.7%和19%，效果极显著。

（2）日粮中维生素不足会使公鸡生活力下降，性反射降低，精液量减少。笼养种鸡接触不到阳光或晒太阳受到限制，日粮中必须补充维生素D。生产实践表明，每100千克种公鸡日粮中添加维生素A 200万单位、维生素D 330万单位、维生素E 4克、B族维生素20.8克、维生素C 6克，可获得品质优良的精液。

（3）在种公鸡日粮中分别添加0.1～0.2克/千克硫酸锌和硫酸锰，以及0.3～0.5毫克/千克亚硒酸钠，对提高精液品质和受精率有极显著影响。

（4）繁殖期日粮钙、磷含量分别为1.5%～2.0%和0.4%较为合适。生产实践表明，日粮中钙、磷分别为28克/千克和7克/千克时，对种公鸡的性欲反射和采精量有很大影响。

3. 种公鸡的管理

（1）单笼饲养：进入生产期时因配种需要，公鸡应与母鸡同栏单笼饲养、分槽饲喂。这对防止公鸡腿病、提高受精率和种蛋孵化率，以及减少饲料浪费都极为有利。

（2）温度：成年公鸡在20～25℃的环境下，可产生理想的精液，温度高于30℃，会暂时抑制精子产生；而温度低于5℃时，公鸡性活动会降低。

（3）湿度：在育雏期湿度要求较高，一般在65%～70%，从第2周开始调节为55%～60%。

（4）光照：从22周开始实行光刺激，光照时间为13小时，以后逐渐增加，28周龄时达到16小时。光照少于9小时则精液品质明显下降。光照强度达10勒克斯就可维持公鸡的正常繁殖性能，但弱光可延缓性成熟。

（5）体重控制：为保证繁殖期公鸡的健康和产生优质精液，应每月检查体重1次，凡体重降低在100克以上的公鸡，应暂停采精和延长采精间隔（5～7天采1次），并另行饲养。

（6）断喙、剪冠和断趾：人工授精的公鸡要断喙，以减少育雏、育成期的死亡。自然交配的公鸡为不影响其以后的交配能力，喙可只烙不切，但还应断趾，即断去内趾及后趾第一节，以免配种时抓伤母鸡。

（7）其他管理要点：20周龄以前，公、母鸡最好分开饲养；控制母鸡的生长速度（限制饲养），限制饲养最迟不应晚于4周龄开始；要使鸡群保持一个稳定的生长速度（每周增重90～110

克）；喂料量由每周抽测鸡数（抽测比例视鸡群的大小而定，群越大，抽测比例越小，一般抽查5%～10%的平均体重与鸡种标准体重的差值额）而定。抽测体重低于标准体重的适当增加喂料量，反之则适当减少喂料量。饮喂器具在舍内应均匀分散布放，并要在不超过3米的范围内，使全群每只鸡都能找到这些设备。从7～8周龄时开始喂沙砾，每周喂1次，喂量为每1 000只4.5千克；要重视垫料管理；定期对鸡群进行免疫和抗体监测，及时掌握鸡群健康状况。

4. 采精间隔

合理的采精间隔是获得优质精液和提高受精率的重要措施。一般隔日采精1次可以获得品质优良的精液，并能圆满完成繁殖期内的配种任务。为了提高优良种公鸡的利用率，以便给更多母鸡输精，建议采取每周采精2～3天、休息2天的方式。

第七章 蛋鸡的饲养管理

一、育成期的饲养管理

蛋鸡育成期的培育是关系到蛋鸡是否高产的重要因素。育成期的蛋鸡生长迅速、发育旺盛，机体各系统的机能基本发育健全；羽毛已经丰满，换羽后长出成羽，具备了体温自主调节能力；消化能力日渐健全，食欲旺盛；钙、磷的吸收能力不断提高，骨骼发育处于旺盛时期，此期肌肉生长最快；脂肪的沉积能力随着日龄的增长而增大，因而需要防止鸡体过肥，注意保持体重、肌肉发育程度和肥度之间的适当比例，以免对日后产蛋量和蛋壳质量造成极大的影响；11周龄以后小母鸡的卵巢滤泡开始逐渐增大，积累营养物质，12周龄则是小公鸡性器官发育加快、精子细胞开始出现的时间，公、母鸡对光照时间长短的反应非常敏感，不限制光照，将会出现过早产蛋等情况。

（一）饲养方式

1. 三段式

三段式饲养是我国目前主要的饲养方式。传统的商品蛋鸡鸡场设计，生产区内有育雏、育成、产蛋3种鸡舍。雏鸡从6～8周龄由育雏鸡舍转入育成鸡舍，一直饲养到性成熟再转入产蛋鸡舍。

2. 两段式

两段式鸡舍是目前的趋势，不需要专用的育成鸡舍，更适用于种鸡饲养，可减少转群，有预防应激的作用。

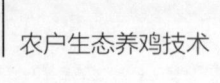

3. 一段式

这种方式多应用于种鸡地面、网上或板条饲养，从1日龄开始直至产蛋结束均在同一鸡舍内完成，仅是随着年龄的增长更换相应的设备。

（二）育成鸡的饲养

1. 日粮过渡

从育雏期到育成期，饲料的更换是一个很大的转折。从5周龄或7周龄开始，用育雏期饲料和育成期饲料以2∶1的比例混合喂养；1～2天后，用育雏期饲料和育成期饲料以1∶1的比例混合喂养；3～4天后，用育雏期饲料和育成期饲料以1∶2的比例混合喂养；之后全部喂给育成期饲料。

饲料更换前需检查雏鸡的体重和跖长是否达标（没有跖长标准的品种，可参考同类型鸡），若符合标准，7周龄后开始更换饲料；如果达不到标准，可继续饲喂育雏期饲料，直到达标为止。

2. 限制饲养

（1）限制饲养的目的：蛋鸡育成期需要进行限制饲养，避免因采食过多，造成产蛋鸡体重过大或过肥，保证正常的体脂肪蓄积，防止早熟，提高生产性能，有利于维持产蛋的持久性。

（2）限制饲养的方法：目前对蛋鸡的限制饲养多采用限量法，把每天每只鸡的饲料量减少到正常采食量的90%。采用这种方法，必须先掌握蛋鸡的正常采食量，因每天的喂料总量随鸡群日龄而变化，故要正确称量饲料。限制饲养生效必须从7～8周龄开始，使体重与每周计划保持一致，到育成期末再进行调整会使产蛋量受到很大影响。

（3）限制饲养的注意事项：必须根据蛋鸡品系的发育特征、出雏日期、鸡舍类型及鸡场内饲料条件等制订并正确执行限制饲养方案；每周龄的鸡群数要清点无误，每次给料量要称量准确；料位、水位必须充足，让鸡群在相同时间吃上饲料；注意预防应激，在鸡群因防疫注射、转群、运输、断喙、疾病、高温、低温等因素而发生应激反应时，必须通过改变饲养方案予以调整，恢复正常后再行限制饲养；限制饲养的鸡群比不限制的鸡群平均体重减少10%～20%为宜；后备鸡体重较轻时，不可盲目进行限制饲养。

3. 饮水

育成期每只鸡的饮水位置要有足够的空间，保证饮水清洁卫生；气温高时，保证饮水供应充足，在喂料前更换凉水。

4. 体重的测定与均匀度

轻型鸡要求从6周龄开始，重型鸡要求从4周龄开始，万只鸡群按1%抽样，小群按5%抽样，每隔1～2周早晨空腹称重，保证鸡群的均匀度。

（三）育成期的管理

1. 饲养密度

育成鸡无论是平面饲养还是笼养，都要保持适宜的饲养密度，才能使个体发育均匀。随着鸡只日龄的增加，饲养空间越来越紧张，密度大则鸡群混乱，个体竞争激烈，环境恶化，空气混浊。如果饮水、采食器具不足，极易导致部分鸡只体重下降，发育不良，均匀度迅速下降，严重的甚至引起啄肛、啄羽等现象发生。如密度较小，则饲养成本提高，造成浪费。适当的饲养密度不仅可增加鸡的运动机会，还可以促进育成鸡骨骼、肌肉和内部器官的发育，从而增强体质。整个育成期都应保持适当的密度，育成期前几周适宜的饲养密度为12只/平方米，后期为10只/平方米。

2. 体重的控制

良好的体型是维持产蛋期间高产能力及优良蛋壳的必要条件，体型是骨架与体重的综合表现。若骨架小而相对体重大，表示鸡只肥胖，这种体型的鸡其产蛋表现不会理想，例如，会早产，脱肛多，且产蛋初期母鸡的死淘率高等。因此，对留种用的育成鸡要根据其体型发育规律采取合适的限制饲养方式来使鸡的体重达标、整

齐度高、健康结实、发育匀称、适时开产，并提高产蛋率和种蛋的受精率，降低产蛋期的死亡率。

育成期体重的控制应以鸡品种的标准体重为依据。当前，育成期控制鸡体重的手段主要为限量法、限质法和限时法3种限制饲养方式，一般通过限制饲料量来控制体重。

（1）限量法。

限量法就是通过限制鸡的采食量来控制鸡的体重。目前世界各地普遍采用限量法来控制鸡的体重，同时随鸡龄的增长适当降低饲粮能量和蛋白质水平。种鸡一般从3周龄开始，根据饲养方案和体重增长情况进行给料。每周随机抽取5%～10%进行个体称重，计算出鸡的平均体重并与推荐标准体重对照。如平均体重与推荐标准体重不符，则适当调整补饲时的喂料量。

（2）限质法。

限质法就是采取措施使鸡日粮中某种营养成分低于正常水平，造成日粮营养不平衡。即从质量上控制饲料的营养水平，使鸡只采食同样数量的饲料却不能获得足够的营养物质，从而生长速度变慢，性成熟延缓。对种用母鸡从8周龄开始宜采用低能低蛋白质的谷物类和糠麸类饲料饲喂，但从20周龄开始则应增加营养水平，为产蛋打好基础。

（3）限时法。

限时法就是通过限制每天鸡只的采食时间，定时盖上补饲的料槽、吊起补饲用的料桶或隔日补饲只供饮水，以减少采食量，达到控制种鸡体重的目的。

3. 均匀度的控制

鸡群的均匀度是指鸡群生长发育的整齐程度。均匀度通常以平均体重±10%作为上下限，体重在此范围以内的鸡只数占全部鸡数的比例表示。在实际生产中，在每周限饲日，称重计算平均体重的同时可计算出均匀度。鸡群的均匀度是肉种鸡育成期一个很重要的指标，决定着生产期生产性能的优劣，一般育成期要求均匀度在

75%以上。若通过育成期的培养，鸡群性成熟时达到标准体重且均匀度好，则鸡群开产整齐，产蛋高峰高，维持时间长；如果均匀度差，鸡只大小不均，肥的肥、瘦的瘦，则势必影响整个鸡群产蛋期的生产性能。为了提高鸡群的整齐度，应做好以下5件事情：

（1）分群饲养。

雏鸡在第一周结合断喙或免疫，通过手感进行第一次分群，在鸡群转入育成舍时最好分成大、中、小3个群体，以后再采取不同的饲喂方式分群饲养。体重大的鸡要按标准给料，体重小的鸡要采取措施刺激其采食，让其尽快生长，使之逐渐趋于标准体重。

（2）料位适宜。

适宜的料位和采食高度能保证小部分体质略差与体型矮小的鸡采食到饲料，从而降低两极分化（小鸡越来越小，大鸡越来越大）的概率。

（3）喂料快、准、匀。

喂料过程越快越好，并且料槽内饲料薄厚均匀，这样可以促使鸡只采食均匀。此外，手工喂料时尤其应注意防止将饲料撒到饲槽外，否则一方面将造成饲料浪费，另一方面将难以控制饲喂量。

（4）保证清洁充足的饮水。

这有利于饲料的消化吸收，并提高饲料利用率。饲料在嗉囊中未完全软化之前不宜控水。饲养员要养成触摸鸡嗉囊的习惯，防止饮水不足给鸡群的生长带来不利影响。

（5）添喂沙砾。

在饲料中添喂沙砾，是为了提高鸡胃肠的消化机能，提高饲料转化率。育成期日粮中的能量与蛋白质在肌胃停留过久，会对肌胃胃壁产生一定的腐蚀作用，沙砾能加速饲料在肌胃中通过的速度，减少腐蚀性，保护肌胃健康。

4. 温度和通风控制

（1）环境温度。

鸡舍温度应保持在10～25℃，应该注意的是：育雏结束后的脱

温过程要防止舍温骤降，因为日温差过大或温度变化过快都会影响鸡群的健康。所以，在日常生产中应随着外界气温的变化随时调节舍温，将舍内温差控制在6~8℃。

（2）通风换气。

育成鸡的生长加快和采食量增加，呼吸和排粪量相应增多，舍内空气很容易污浊，需要排除舍内有害气体和调节舍温。鸡对氨气、硫化氢等有害气体相当敏感，有害气体的含量不可超标。通风不良会导致鸡羽毛生长不良，生长发育减慢，整齐度差，饲料转化率下降。开放式鸡舍比较容易保持清新的空气；密闭式鸡舍则建议必须安装排风机，既要维持适宜的鸡舍温度，又要保证鸡舍内有较新鲜的空气。在一般条件下，以进入鸡舍无明显的嗅觉不适为基本标准，通风时要做到气流能均匀通过全舍，尽量减少舍内气流死角的存在，还应避免贼风入侵。另外，根据天气变化，随时调节进风口的方位和大小，使进入舍内的气流自上而下，不可直接吹到鸡体上。夏季鸡舍温度太高时，鸡群会表现不安，影响采食量、饮水量，需要加大通风量，减少应激。

5. 光照的管理

在育成鸡生产过程中，光照管理的目的就是控制鸡群在适宜的日龄达到性成熟。育成前期鸡群光照时间的长短对其生殖器官的发育影响不大，但育成后期的影响较明显。对蛋鸡来讲，一般从12周龄起对光照的刺激敏感。育成期的光照原则是：缩短光照时间，推迟性成熟；延长光照时间，加快性成熟。一般5~6周龄或17周龄，若为密闭式鸡舍，每天光照10~12小时，强度一般不要改变，以5~10勒克斯及能满足鸡采食、饮水和工作人员操作需要即可；若为开放式鸡舍，以15~17周龄自然光照最长的日照时间为固定光照时间，在育成后期或开产前期、当体重达到标准时，开始增加光照时间以刺激产蛋。如性成熟较体成熟快、体重未达到标准，须马上更换蛋鸡饲料，换料1~2周后开始光照刺激，当性成熟较体成熟慢、在达到标准体重后，应进行光照刺激。

6. 控制性成熟

控制性成熟，做到适时开产。性成熟过早，就会早产蛋，产小蛋，持续高产时间短，出现早衰，产蛋量减少；若性成熟晚，开产时间推迟，产蛋量减少。控制性成熟的主要方法：一是限制饲养，二是控制光照。特别是10周龄以后，光照对育成鸡性成熟的影响越来越大。控制性成熟的关键是把限制饲养与光照管理结合起来，只强调某个方面都不会起到很好的效果。按限制饲养要求管理，鸡的体重达到了该品种的开产日龄，但没有开产，原因是光照时间不足，性器官发育受到影响，这说明鸡的体重不完全是控制性成熟的标志；仅强调光照管理，鸡群体重较小，过早增加光照，结果会使鸡开产蛋重偏小，脱肛现象多。

7. 及时更换产蛋料

育成母鸡在100日龄左右卵巢发育比较迅速，生殖机能旺盛，18周龄时就有部分母鸡开始产蛋，此时要提高饲养营养水平以满足母鸡的营养需要。一般能量要求为11.9～12.1兆焦/千克，蛋白质为17%～18%，特别要增加体内钙的储备，以满足蛋壳形成的需要。因此，适时更换产蛋料十分重要，具体操作方法有以下3种：

（1）在17周龄未见蛋时就换用产蛋料，其优点是增加体内钙的储备量；缺点是没有一个缓冲过程，容易增加肾脏负担，也易引起产蛋前期鸡群腹泻。

（2）在18周龄体重达标全群见蛋时立即换料，其优点是能提高鸡只体内钙的储备能力；缺点是在鸡群均匀度差时难以掌握，效果不佳。

（3）鸡群在16～17周龄时喂钙含量为2%的饲料（产前料），当鸡群产蛋率达5%时应立即更换产蛋料，其优点是能使体内的钙有一个从少到多的蓄积过程，缺点是达5%产蛋率时换料不及时，会影响以后的产蛋率。

总之，无论采用哪种换料方法，都要根据鸡群体重和发育情况而定，较早时间更换产蛋料，这对鸡将来产蛋有利，而过晚使用钙

料则易出现产软壳蛋现象。

8. 及时修喙防止啄癖

防治啄癖也是育成鸡管理的一个重点。除了在育雏期6~9日龄的断喙外，在育成期10~12周龄时要进行第二次断喙，其目的是对第一次断喙不成功或重新长出来的喙进行个别修整。喙断不好，会影响雏鸡的采食，特别是野外采食，有的甚至吃不到料，这样将影响雏鸡的正常生长。

除了断喙以外，还应当配合改变室内环境，降低饲养密度，改进日粮，采用10勒克斯光照。在体重、采食量正常的情况下如槽中无料，也可考虑适当缩短光照时间等，防止啄癖。

9. 育成鸡的选择

育成过程应注意观察，定期称重，不符合标准的鸡只应尽早淘汰，以免浪费饲料、人力和物力，增加饲养成本。第一次选择应在6~8周，第二次应在17~20周，可结合转群进行。蛋鸡的要求是体重适中，羽毛紧凑，体质良好，采食量大，活泼好动。一般将体重大、高度瘦弱、畸形、瘸腿的鸡只淘汰掉。

10. 适时转群

产蛋鸡从育成期转为产蛋期的阶段管理称为转群。转群是鸡饲养过程中的重要一环，转群环节把握好，可以使蛋鸡正常开产，较大限度地发挥遗传潜能。转群对于育成鸡是不可避免的。在开产前2~3周（一般在18周龄）将育成鸡转入产蛋鸡舍。转群最好在夜间或天亮前有微光时进行，在生产中要密切注意，尽量减少鸡的应激发生。由于鸡对转群过程和新环境都会产生应激，为力争将此反应降到最低限度，转群阶段必须做好以下工作：

（1）鸡舍环境与设备的准备。

鸡舍和设备应彻底清洗、消毒并空置一定时间。冬季产蛋鸡入舍前要提前给鸡舍升温，使其和原来鸡舍温度基本一致。

（2）按时转群。

蛋鸡一般在19周龄左右开产，为了尽快熟悉环境，一般在

16～17周龄即要转群，最迟必须在18周龄前转入产蛋鸡舍，否则会影响产蛋量。

（3）减轻应激。

转群前3天饮水中添加维生素C或多种维生素，以增加鸡群抗应激能力。抓鸡、搬运、装卸鸡时一定要轻拿轻放，以减少应激或损伤。运输车辆最好选用保温通风的空调车，并且运输车辆和笼具应经过消毒处理。如果不是空调车，转群工作冬季应选择在暖和的中午进行，夏季在凉爽的早晚进行，春秋避开雨天，车辆前部和顶部要用篷布遮盖，以防雨淋和前部鸡群受寒，转群特别注意不能与断喙、免疫同时进行，防止引起强烈应激。

（4）合理分群。

转群前要对育成鸡进行质量检验，主要包括：体重、均匀度、体形、断喙及换羽情况、抗体水平等，对鸡群进行清理和选择，按鸡的大小分群，选择时尽量把体重相近的鸡放在一个笼内，并淘汰不合标准的病弱鸡、残次鸡和异性鸡。最后彻底清点鸡数，以便采取相应的管理措施。

（5）做好饲养管理前后衔接。

转群后要做到：①接鸡当日，为使鸡只尽快地适应新环境和有足够的时间采食和饮水，光照时间可以延长到22小时（仅1天），光照强度为10～20勒克斯，让鸡群充分饮水之后再喂料，次日按照正常的光照程序进行。②产蛋鸡转群后3～5天，在饲料中或饮水中添加适量的多种维生素，以缓解应激，增加鸡群的抗病能力。③日常操作程序及饲养人员要固定，饲喂动作要轻柔，外人不得进入鸡舍，防止鸡只因环境变化发生惊群。④要加强对鸡群的巡视，检查笼门是否关牢，鸡头、腿、翅有无被笼卡住；防止鸡只损伤，跑出的鸡要及时抓回；观察鸡群采食饮水、精神状况等是否正常。⑤给予弱鸡特殊照顾促进较弱鸡的生长发育，逐步赶上大群。⑥按照免疫程序，备好所需疫苗。待转群稳定后适时免疫接种，最好在开产前10天完成各种免疫接种，防止开产后免疫接种对鸡产蛋的不利影

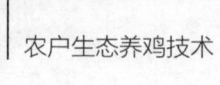

响。⑦当鸡群产蛋率达到5%时，要及时过渡改喂蛋鸡高峰饲料，1周后全部换完。

11. 防治疫病

（1）免疫接种。

蛋鸡育成期尤应按免疫程序及时接种，要选择质量过关的疫苗，选用正确的接种方法，免疫接种时应同时注意减少应激反应，接种后注意观察鸡群情况，加强日常管理，有条件的鸡场可以在免疫后7~14天检测血清抗体滴度，确保免疫接种的效果。

（2）日常消毒。

消毒工作应贯穿于整个育成期。包括环境消毒（每周1次）、舍内带鸡消毒（每周2次）、饮水消毒（每周2次）、用具设备消毒等全方位消毒，发病期间更要增加消毒次数。同时注意选用腐蚀性小、消毒效果好的消毒药，并经常更换消毒药的种类。

（3）疾病防治。

在日常管理中要每天认真观察鸡群，发现病、弱鸡要及时隔离，并尽快查找病因，进行确诊，决定是否进行全群治疗，尽量防止疾病在鸡群中蔓延传播。选用药物时，要用敏感、高效、低毒、经济的药物，不可盲目投药，应充分考虑用药方法和疗程，确保治疗有效。

（四）育成期淘汰方法

育成期种鸡的选种与淘汰是一项非常重要的工作。高质量的后备鸡是种鸡及商品蛋鸡经营得以成功必不可少的条件。只有进行合理的选择，才能提高整个鸡群的种用价值，增加合格种蛋的数量，提高商品种鸡的质量和档次，从而增加饲养效益。因此，在鸡群的培养过程中，必须对鸡群加强选择和淘汰。

1. 集中挑选

集中挑选一般结合转群同时进行。第一次在6~7周龄由雏鸡转到育成鸡时进行，重点是对畸形、发育不良和患病的鸡只进行淘汰。畸形包括喙部交叉、单眼、跛脚和体型不正等。发育不良的表现有眼、冠、皮肤苍白，特别消瘦等。第二次选择在12～13周龄时进行，主要是对公鸡的淘汰。由于公鸡留种数量少，要加大选择强度，选择发育良好、冠大鲜红、体重大的个体。第三次选择在18周龄转入产蛋鸡舍前进行，主要是对母鸡的选择，要逐只进行，观察母鸡的全身发育状况，淘汰不良的个体。

2. 分散淘汰

为了节约饲料，降低生产成本，在整个育成期的各个阶段，每周要集中1天把畸形、发育不良的个体从鸡群中取出，以保住种群质量。分散淘汰对开放型饲养场至关重要。

二、产蛋期的饲养管理

产蛋期一般在21～72周龄。此阶段饲养管理的主要目的是最大限度地减少对蛋鸡产蛋有害的影响，使鸡群充分发挥生产性能，创造一个有利于产蛋的和蛋鸡健康的环境。

（一）蛋鸡的特点

1. 生理特点

（1）卵巢、输卵管发育在性成熟时急剧增长。性成熟以前输卵管长仅8～10厘米，性成熟后输卵管发育迅速，在短时期变得又粗又大，长达50～60厘米。卵巢在性成熟前，重量只有7克左右，到性成熟时迅速增长到40克左右。

（2）蛋壳在输卵管的峡部开始成形，大部分在输卵管子宫部完成。蛋壳形成所用的钙，是饲料中的钙进入肠道，被吸收后形成血钙，通过卵壳腺分泌，在夜间形成蛋壳。若饲料中钙较少不能满足鸡生长的需要，就要动用骨骼中的钙。因此保持足量的钙和磷及钙磷比例平衡，对提高产蛋率和防止产蛋疲劳综合征很有意义。

2. 产蛋规律

鸡开产后产蛋率和蛋重的变化具有一定的规律性，饲养管理中应注意观察这一规律性，采取相应措施，增加合格种蛋的数量。

（1）始产期。

在规模化饲养条件下，配合饲料补充和人工光照的应用，鸡一般在20～21周龄即可达到5%的产蛋率，到26周龄时，产蛋率可达到50%。将20～26周龄、产蛋率为5%～50%的这一时期称为始产期。始产期内产蛋规律不强，各种畸形蛋比例较大，蛋体较小；种蛋的受精率和孵化率偏低，一般不适合进行孵化。

（2）主产期。

从26周龄开始，产蛋率稳步上升，在31～32周龄时，产蛋率在85%左右，在80%以上的产蛋率可维持2～3个月，之后产蛋率缓慢下降，在55周龄这一阶段称为主产期。主产期内种蛋大小适中，受精率和孵化率较高，雏鸡容易成活。

（3）终产期。

55周龄以后，随着产蛋率的下降，蛋重逐渐加大，到68周龄时，产蛋率下降为45%～50%。完成以上3个阶段为一个产蛋年结束。这时蛋鸡可以淘汰或再利用一年。一般鸡第二个产蛋年的产蛋率为第一年的80%左右。

（二）产蛋期的饲养管理

1. 疾病预防及净化

鸡群开产前必须投药1～2次，进行疾病净化，使开产鸡群保持健康、高产、稳产。产蛋高峰期，鸡体代谢旺盛，所摄入的营养物质主要用于产蛋。因此，此期鸡只抵抗力较弱，除了做好药物预防之外，还应定期对鸡舍进行带鸡消毒。

2. 饲喂与饮水

蛋鸡产蛋多，需较多的钙质饲料，一般在下午5点钟补充大颗粒贝壳粉、石粉等钙源，对增强蛋壳硬度、降低蛋的破损率效果较好。产蛋期，食物在鸡消化道中的排空速度很快，因此，产前喂足料非常重要，以使鸡开产有足够体力。晚间熄灯前需补喂料，以便为鸡产蛋准备充足的营养。整个产蛋期以自由采食为宜，但每次喂料不宜过多。

由于蛋鸡摄入高能量、高蛋白日粮，代谢强度大，因此饮水量较大，饮水不足会造成产蛋率急剧下降。蛋鸡在产蛋及熄灯之前各有一饮水高峰，而熄灯之前的饮水与喂料往往被忽视。夏天饮用凉水，有利于产蛋，应注意加强水塔、水箱中水的循环。

3. 阶段性饲料

根据鸡群产蛋率和周龄将产蛋期分为不同阶段，喂给不同营养水平的日粮，这种做法既能满足不同阶段鸡群的营养需要，又不浪费饲料。阶段饲养分为三阶段饲养法和两阶段饲养法2种。

三阶段饲养法是根据产蛋前、中、后期来分，第一阶段是产蛋率为80%以上的时期（一般指自开产至40周龄），此阶段应喂给高能量、高蛋白质水平且富含矿物质和维生素的日粮，在满足自身体重增加的基础上使产蛋率迅速达到高峰，并维持较长的时间。第二阶段产蛋率为70%～80%（40～60周龄）。第三阶段产蛋率在70%以下（多在66周龄以后）。第二、第三阶段母鸡的体重几乎不再增加，而且产蛋率开始下降，只是蛋重有增加，故此时的饲养管理应使产蛋率缓慢和平衡地下降。而两阶段饲养法从开产至42周龄为前期，42周龄以后为后期。

4. 产蛋前期短期限饲

刚开产的鸡排卵速度与输卵管机能不协调，这是导致畸形蛋、过大过小蛋、双黄蛋及腹腔蛋较多的生理原因。为了减少不合格种蛋，避免脱肛现象，缩短达产蛋高峰的时间，可以采取如下2种方法：

（1）短期限饲法。

在产蛋率低于30%时，降低光照强度，按标准喂料量的75%投放含钙量2%的蛋鸡饲料，持续2周，一旦恢复正常投料和光照强

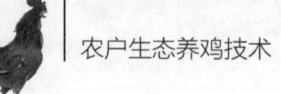

度，鸡群产蛋的上升速度和合格种蛋率会明显增加。

（2）短期停饲法。

在产蛋率达10%时，让鸡停饲5天，不停水。通过这种方法可使产蛋前期的平均蛋重提高0.7～1.5克。但这种方法要求具有优良的健康鸡群。

5. 产蛋后期防止早衰

产蛋后期控制体重和抗衰老是减少产蛋率下降的有效方法。蛋鸡体重的增长终点在36周龄，产蛋率生理下降的起点在40周龄，36～42周龄若继续增重，鸡体脂肪增加，将影响产蛋率，产蛋量下降速度也会加快。

因此，产蛋后期喂料应严格按标准饲喂，将日粮蛋白质逐渐降低0.5%～1.5%，并增加氨基酸、多种维生素及钙的用量。同时还应注意补充氯化胆碱、乳酶生、腐殖酸钠和益生菌等，尽量减少脂肪的沉积。

（三）蛋用种鸡的选择

高产蛋用种鸡的选择一般要求体型小，体躯稍长，喙短粗、微弯曲、结实有力，头宽深而短，眼大有神，背平宽而长，皮肤滑润、富有弹性。在外貌选择上主要看：鸡的冠、肉髯大而丰满、色泽鲜红、光滑柔软、富有弹性；泄殖腔大、湿润、松弛，呈半开状；耻骨柔软、有弹性、距离宽，能容纳3指；腹大柔软，耻骨和胸骨末端的距离可容1掌；在秋季末和冬季初换羽，换羽速度快，更换时间短，一般为1～2个月，有的鸡会边产蛋边换羽。另外，高产蛋鸡活泼好动，喜采食，常发出"咯咯"的叫声。蛋鸡的选种一般分三次选择：初选一般在6～8周龄进行，选留羽毛生长迅速、体重不过大的个体作种用。第二次选种在育成期20～22周龄进行，选留品种特征明显、体型结构良好、身体健康的育成鸡作种用。第三次选种一般是在早春和晚秋，因为春天选择淘汰，便于组织春季繁殖和分群配种工作；秋季选择淘汰，可以对完成一个产蛋年或500

日龄产蛋的成年鸡进行鉴定，选优去劣，选出的高产蛋鸡群继续作种用。不理想的个体均应淘汰，以降低生产成本。

三、强制换羽技术

换羽时一般产蛋都停止，人工强制换羽是采取人为强制性方法，给鸡以突然应激，造成新陈代谢紊乱，营养供应不足，使鸡迅速换羽后快速恢复产蛋的措施。养鸡的目的是获取较高的经济效益，那么对鸡应根据当时的实际情况来进行适时的强制换羽，以取得较好的收益，但不能盲目进行。

（一）换羽前的准备

确定换羽时间，制订换羽方案，然后选择健康鸡群进行换羽，换羽时间一般安排在春天和秋天。换羽前要淘汰病弱鸡和不产蛋的鸡，根据鸡群体质，淘汰率不等，一般为1%～5%。强制换羽前15天，做好鸡新城疫疫苗的接种工作。强制换羽前要清除舍内粪便并彻底消毒1次。

（二）换羽方法

根据强制换羽的措施不同，人工强制换羽方法可分为化学法、生物学法（激素法）、畜牧学法（饥饿法）和综合法（畜牧学法和化学法结合）。其中畜牧学法是最常使用，也是最简便的方法，停止供料即可。

1. 化学法

鸡在一定时间内摄入过量或不足量的化学物质后，新陈代谢紊乱，内部器官的功能失调，结果使母鸡停产或换羽。去除化学物质后，母鸡经过休息，体质恢复后，在喂正常饲料的条件下，再度恢复第二个产蛋期。目前，化学法上使用最多的是喂高锌日粮。一般在日粮中添加含锌2%的饲料，3天后鸡的产蛋率会降到50%

及以下，6～7天就全部停产，去掉锌以后2周，母鸡的产蛋率就能超过喂锌前的水平。或者在含钙3.5%～4%的配合料中加入2.5%氧化锌，让鸡自由觅食，不限制给水。一般到第4天母鸡采食量下降75%～80%，到第7天产蛋率几乎降到2%及以下。停喂这种饲料后25～30天，母鸡产蛋率可达50%。

2. 生物学法

用此方法时，鸡自由采食和饮水，头12天把光照时间缩短到8小时。例如，给母鸡肌内注射30毫克孕酮后，主翼羽和副翼羽很快就更换，换羽后41～48天开始产蛋。这种方法处理的母鸡产蛋量稍差。由于注射激素容易破坏体内激素的平衡而使代谢紊乱，因此，生物学法使用很少。

3. 畜牧学法

通过断水、断料、断光，人为地为鸡施加应激因素，打乱鸡的正常生活规律，给鸡造成突然性的生理压力，激素分泌失去平衡，黄体素下降，促使卵巢中雌性激素减少，造成卵泡萎缩，引起停产和换羽。断水、断料、断光的畜牧学强制换羽方法在实践运用中，又有多种多样的方案，都能取得一定的效果。

快速强制换羽法：目标是在6周内使母鸡恢复50%产蛋率。方法：断料10天；开始时开放式鸡舍停止补充光照，密闭式鸡舍光照缩短到8小时；自由饮水；换羽期间喂给贝壳粉；断料10天后，自由采食产蛋鸡饲料，恢复换羽前的光照。

普通强制换羽法：目标是在6～8周内使母鸡达到50%产蛋率。方法：断料10天；自由饮水；开放式鸡舍停止补充光照，密闭式鸡舍光照时间缩短到8小时；第11天起连续喂4周以上的碎粒料；恢复产蛋时开始喂产蛋鸡饲料，并恢复原先的光照。

4. 综合法

此法是综合畜牧学法和化学法的长处而形成的强制换羽的改进办法。方法：断水、断料2.5天，停止人工补充光照，然后开始给水，第3天起让鸡自由采食含锌粉2%或2.5%硫酸锌的饲料，连续7

天。母鸡一般10日后全部停产，此时恢复正常的光照。换羽开始后20天母鸡就会重新产蛋。换羽开始后50天母鸡产蛋率达50%。采用综合法在换羽期间母鸡死亡率一般不超过1%。

（三）强制换羽的基本过程

强制换羽的基本过程可分为4个阶段：强制换羽前的准备期，强制换羽实施期（产蛋率迅速下降至休产），强制换羽恢复期和第二产蛋期。

1. 准备期

指第一产蛋期末，实施强制换羽前的一周时间内，在此期间要做好各项准备工作。首先确定换羽时间，制订换羽方案，然后选择健康鸡进行换羽。换羽前进行新城疫等疫病监测，对鸡群进行免疫试验，进行断喙防止因饥饿引起啄癖，称重以监测失重效果，准备补钙和恢复期饲料。

2. 实施期

指从执行强制换羽各项措施的第一天开始到鸡群体重下降25%~30%或死亡率达3%时止。在此期间，产蛋率迅速下降至鸡群完全停产，鸡的体重迅速减轻，羽毛开始脱落。不同的换羽方案实施期停水、停料和光照控制不同，会在换羽方案中体现。

3. 恢复期

指鸡的体重失重了25%~30%之后，恢复喂料，体重逐渐增加，脱掉旧羽换为新羽，产蛋率重新达到5%时为止。

4. 第二产蛋期

指鸡群恢复生产，产蛋率达5%至鸡群淘汰为止。

（四）蛋鸡强制换羽后的饲养管理

蛋鸡强制换羽比起自然换羽不仅能减少换羽时间，提高整齐度，而且还节省饲料。换羽后的蛋鸡第二产蛋期的产蛋率和产蛋数量虽比前个产蛋期较低一些，但可节省购买鸡苗开支和育雏的费

用，从而降低养鸡成本。

1. 精心管理

蛋鸡强制换羽前，应将低产、体弱、多病、体重小的鸡淘汰处理，强制换羽前7天，应做好鸡新城疫I系等疫苗的接种工作，也应进行驱虫，换羽的蛋鸡体质较弱，在管理上要细心周到，饲料和饮水中应定期添加多种维生素和抗生素，鸡舍内粪便和污物应及时清扫，鸡舍、用具、食槽、水槽等要定期消毒，保持鸡舍卫生条件良好。

2. 加强营养

蛋鸡换羽后，要认真加强饲养管理，喂给营养丰富且全面的配合饲料，适当限制活动，促进鸡只增重复壮，应恢复到接近或超过换羽前的体重，第二产蛋期鸡对饲料营养水平的要求略高于第一产蛋期。产蛋率上升时，饲料代谢能应为12.12～12.55兆焦/千克，粗蛋白质含量为18%～19%。

3. 减少应激

蛋鸡在产蛋期，生产强度大，对应激十分敏感，如遇应激，产蛋率下降后，难以恢复到原有的产蛋水平，即使恢复到原有的产蛋水平，也得需要一定的时间。因此要保持鸡舍及其周围环境的安静，饲养员不要常换衣服，闲杂人员不能进入舍内，门窗钉上铁网，防止猫、犬、鸟或鼠窜入鸡舍。

4. 注意温度、湿度，补充光照

产蛋鸡最适宜的温度是13～23℃，温度过高或过低对产蛋都不利。产蛋鸡适宜湿度为60%～70%，如果舍内湿度低于17%，会导致蛋鸡脱水，羽毛凌乱，皮肤干燥，羽毛和喙爪色泽暗淡等，鸡群容易发生呼吸道疾病；如舍内湿度过高，鸡体污秽也易患病，鸡呼吸排散到鸡舍中的水分受到限制，也影响鸡群健康。

蛋鸡进入第二产蛋期后，光照方面和第一个产蛋期一样，每天应有16小时的光照时间，若自然光照时间不足16小时，应补充光照时间，补光方法分为早晨和晚上给光或者说只在晚上给光，光照强度一般为2.7～3.5瓦/平方米，舍内安装40瓦灯泡为宜。

四、抱巢鸡的催醒

自然条件下，家禽通常在合适的季节产下一定数量的蛋后进行自然孵化，繁衍后代。自然孵化通常称抱窝，在抱窝时母禽停止产蛋。

对于母鸡就巢性的问题，我国研究得较为深入，催醒办法也比较多。在我国农村就有许多土法让鸡醒抱。许多研究人员在20世纪90年代就开始对鸡醒抱的方法问题进行了研究比较，并提出了许多新的可靠性更强的方法。

（一）药物法

药物法的操作方法如下。

（1）给就巢鸡饲喂人丹，早晚各13粒，连喂3～5天。

（2）每天喂给0.12克盐酸奎宁1～2片，1～3天可醒抱。

（3）每天喂给25毫克盐酸麻黄碱1片；或麻黄素75毫克、雷米封（异烟肼）50毫克、利血平0.25毫克，混合1次灌服；或每只每天喂给0.1克雷米封1片，隔日1次，一般2次见效。

（4）将冰片5克、己烯雌酚2毫克、咖啡因1.8克、大黄苏打片10克、氨基比林2克、麻黄素0.05克，研成粉，加面粉5克、白酒适量，搓成20粒丸，每只每天喂服1粒，连喂3～5天。

（5）每天灌服0.25克磷酸氯喹片半片，连灌服2次，醒抱效率在95%以上，或喂四环素、止痛片、钙片（骨克粉亦可）各1片，最好在抱窝当晚灌服，次日再灌1次，可醒抱。

（6）将3克黄连放水杯中用开水冲泡20分钟，每日每次滴服10多滴，刚抱窝就巢时，可降低鸡的体温，抑制催乳素，恢复产蛋量。

（7）肌内注射0.02%硫酸铜液，每次1毫升，每天1～2次。鸡

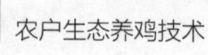
每千克体重胸肌注射甲基睾丸酮10毫克，或注射丙酸睾丸素12.5毫克，注射后一般1～2天醒抱，如不醒抱再注射一次。

（8）肌内注射己烯雌酚2毫克，片剂的口服。每只每次肌内注射绒毛膜促性腺激素200～500单位，每日1次。

（二）物理法

物理法的操作方法如下。

（1）将抱窝鸡浸入凉水盆里，用筐等物罩起来，使鸡减少活动，水浸全身，头颈露出水面，两腿间用木板条把关节绑好，使其不被水呛、水淹，并不能伏卧，一般3～5天醒抱。浸洗每次半小时，每天多次，要勤换水，若水温过高则效果差。

（2）将翅膀尖上的长羽毛拔下一根横穿鸡的鼻孔，停留数日后拔掉；或两翅各连着拔出3根翎毛堵出点血，拔后2～3天离巢觅食，10天左右恢复产蛋。

（3）可在鸡尾顶端（俗称鸡腚尖）上方距尾尖3厘米的尾脂腺上小突起处，用消毒过的剪刀剪去一小点，涂上食盐；也可用消毒的针垂直针刺尾尖上方小突起处的尾脂穴，至针刺不进为止，并左右捻转数次，白天留针，傍晚拔出针，放回鸡舍（群）里，连续3天见效。

（4）用绳拴住母鸡的一条腿半吊起来，使鸡单腿站立不安、惊恐，促使醒抱。在鸡尾巴上拴一红布条，使鸡惊恐、紧张不安，也可醒抱。

（5）在鸡两爪掌心中心的前方，用消毒过的粗缝纫针刺入6毫米深进行刺激醒抱，每天进行1～2次。

（6）将抱窝鸡装进有一滑动木棒的木箱或筐子里，使鸡站在木棒上，因滑动站不稳，几天后可醒抱。

（7）将1.5伏的电池10～14个串联一起，其两个电极，一端插入母鸡嘴里，另一端接触鸡冠通电10秒钟，间隔10秒钟再通电1次，醒抱效果很好。

第八章　生态饲养管理

随着"饲料禁抗"政策的落地实施，农业产业的高速发展及农业养殖技术的不断突破，生态养殖模式变得越来越流行。许多养鸡户也开始纷纷学习并加入到这种新型养殖模式中。生态养鸡有很多种方式，常见的方式包括果园放养、树林放养、滩区放养、围圈放养等。

一、果园放养鸡

近年来，果园养鸡发展快、效果好，是现在大多数人的选择之一。果园养鸡，一方面鸡粪可增加果园土地养分，对果园空间可重新利用，能更好地提高收益；另一方面，鸡可消灭果园内的害虫，而且散养土鸡销售前景非常好。果园放养不仅可让鸡得到充分运动，使其更加健康成长，还能让鸡采食大量天然饲料，提高鸡的品质，又能使其肉质更加鲜美，真正成为原生态鸡。

目前在农村，只要管理得当，在果园里散养鸡还是赚钱的，如苹果园，这些苹果树结下的果实到了采收的时候和往常一样卖钱，在果园里养鸡赚的钱就是额外的收入，散养鸡既不耽误果树的成长，而且鸡还可以帮助捉虫子等，相互之间能彼此促进。但是，在大力发展果园养鸡的同时，也应特别注意以下几点。

（一）鸡品种的选择

应选择适应性强、抗病能力强、耐粗饲料、勤于觅食、跳跃能力差的地方优良鸡种或以地方鸡开发的杂交鸡散养。杂交鸡既保持了土鸡肉蛋产品好的优点，又比引进的良种鸡抗病力强、生长快。

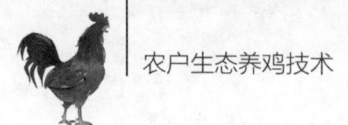

（二）果园及果树的选择

果园应选在背风、向阳、地势平坦、干燥、取水方便、远离村庄、交通便捷、果树稀疏等的地方为宜。果树比较高大的果园如苹果树园、梨树园、桃树园等比较适合养鸡；果树幼小的果园如果养鸡，会对果园带来很大的影响，因为鸡有很强的刨土能力，会影响到果园内幼小的果树。

（三）鸡舍的建造

鸡舍搭建在果园附近，应选择背风、向阳、地势高、干燥、平坦的地方，面积根据养殖规模而定，可搭建临时性帐篷或改造旧建筑物为鸡舍，修建鸡舍可就地取材，只要白天能避雨遮阳，晚上能适当保温就行，鸡舍周围可预留部分空地作为鸡活动的场所，棚舍内外放置相同数量的饮水器、料槽等。成鸡舍与仔鸡舍应分开，便于管理。根据鸡数量和散放面积，用尼龙绳网或铁制围网将果园围好，使鸡在规划好的果园内活动，并预留好鸡进出鸡舍的通道，便于放养管理。

（四）饲养模式

天气晴好时，清晨将鸡群放出鸡舍，傍晚时将鸡群赶回鸡舍内；遇到天气突变，下雨、下雪或刮大风前，应及时将鸡群赶回鸡舍，防止鸡受寒。每亩果园放养密度因鸡龄不同而不同，一般为200～300只。饲料育雏期应自配或购买鸡全价饲料投喂，以确保营养全面平衡。一般早晨鸡出去自由觅食、晚上归巢，可根据实际情况，中午或晚上投喂饲料加以补充。

（五）防疫消毒

定期进行疫苗接种和鸡舍消毒。疫苗接种一般在晚上鸡群归巢后进行，每隔10天对鸡舍内外消毒1次。在饲料、饮水中添加一些药物可预防疾病的发生。鸡舍每天要清扫干净，并用生石灰对地面和承粪板进行消毒；每半个月用复合酚兑水进行舍外喷雾消毒，用百毒杀在鸡舍内带鸡消毒。出栏后对场地要彻底清扫、冲洗和消毒，且鸡舍门口处要经常撒石灰。

（六）防走失和意外

果园周边要用尼龙网搭建起高度为2.5米左右的隔离网，防止鸡逃跑走失，这样做既可以避免家畜对果园进行破坏，又能防止天敌的入侵，如野猫、黄鼠狼、狗等威胁到鸡的安全。

二、树林放养鸡

树林放养鸡是一种生态种养结合的模式，可以提高鸡的品质，而且对于树木有很大的好处，也给农民朋友增加收益，符合国家退耕还林、积极发展林下经济工作方针，是现在非常火爆的养殖方式。所谓树林放养鸡是指利用树林里相对较大的空间，让饲养的鸡群自由活动和寻找食物。树木一般来说都是比较高，而靠近中下部分的树杈比较少，就大部分饲养的鸡品种来说都是很难飞跃上去的，不用刻意地去对果实进行保护，对鸡的品种限制也少。

目前，这种饲养方式所养出的鸡虽然肥瘦适当、肉质紧实、味道特佳、价高、好售，但成活率低、饲养周期长、耗料多、见效慢、收入少。若在饲养管理方面做好以下几点，则既可使鸡毛色光亮、保证肉质品味，又能使其成活率提高、饲养周期缩短、耗料少，见效快、收入多。

在每天天亮后2小时左右，把鸡群放到林地。如果遇到低温天气则可以推迟放鸡时间，而在夏季高温期间可以提早放鸡；鸡群周龄小的时候可以晚放鸡、早收鸡，周龄大时则可以提早放鸡。傍晚的时候通过补饲让鸡群形成到鸡舍内过夜的习惯。鸡群进舍后要关闭好门窗，如果夏季需要打开窗户，则要求窗户必须用金属网罩起

来，可以在鸡舍附近养狗或鹅用于夜间示警。夏季气温高，可以让鸡群在舍外多停留一段时间，鸡舍要开灯，在鸡舍前的树上悬挂几盏灯，这样既能够让鸡群感到安全，又可以吸引一些飞虫供鸡采食。需要让鸡群回鸡舍时，把鸡舍外的灯逐个关闭，鸡群就会回到比较亮的鸡舍内。

根据野生饲料资源情况确定补饲的饲料量，如果鸡以杂草为主要食物，则补饲配合饲料；在野生饲料资源不足的情况下，每天补饲2次。育雏开始时采用育雏专用料，待育雏20～30天后改用成鸡料，或根据当地的情况，相应使用成本低的饲料品种，如自配混合料等，原则是饲料要营养全价，避免鸡只发生新陈代谢疾病。雏鸡开始的时候在室内炕上或网上饲养，然后转为空地上圈养20～30天。

放养密度根据林下植被的生长情况而定，每亩林地可以放养50只鸡左右。在林地放养产蛋鸡，每天上午至少收蛋2次，下午至少收蛋1次，这样还能够减少母鸡抱窝的现象。

对于鸡群的饮水及饲料也要定期地进行消毒处理，从饮食上控制疫病，不断地提高饲养饮食的安全性及生态性，从饮食上加强对鸡群疫病的防治，可以有效地控制鸡群疫病的发生。饮水一定要消毒处理，防止一些病毒通过饮水进入到鸡的体内，从而导致疫病蔓延。另外，一定要对养殖环境进行定期的驱虫处理，减少病虫影响，避免林下养殖鸡群食入病虫而发生疫病的情况发生。

用网栏将树林分区划片，计划性分区轮牧有利于生态自然恢复与人工调节管理，可充分发挥树林的负载能力且不至于造成过度的生态破坏。保证围网的完好性，围网的高度要适宜，避免鸡群受惊吓，在放养场地周围加强看护，防止鸡的丢失。

三、滩区放养鸡

滩区主要是指在河道的两旁及湖泊的周围等区域，在每年的4～7月，降水不多的情况下，滩区会出现大片的荒地，生长着大量的杂草，同时蝗虫大量滋生。利用滩区的杂草及昆虫作为自然饲料养鸡，不仅可以生产大量优质肉鸡，还可以有效控制蝗虫大量繁殖的发生，节约大量的人力、财力，保护生态环境。但是，到了雨季之后，由于降水多，河流和湖泊中的水位上升，会把大片的荒地淹没。因此，滩区放养鸡的时间多数情况下只有3～4个月。由于滩区放养鸡的时间比较短，一般只用于放养肉鸡。

放养时间和密度。滩区内的野生饲料资源丰富，特别是蝗虫逐渐增多，可以为鸡群提供充足的食物。4月以后外界气温比较高，饲养30日龄以上的鸡可以不采取加热措施。放养前，用尼龙网围一片滩地。根据滩地内野生饲料的丰富程度，每100平方米可以饲养大约10只鸡。饲养中要注意滩地的轮换利用。注意天气变化。遇到刮大风、下雨的天气不要让鸡群外出，当风雨停下后再放出鸡群。如果下雨很大，要考虑河流或湖泊的水位上涨是否会影响到鸡群的安全。

基本设施。用编织布或帆布搭设一个或若干个帐篷，作为饲养人员和鸡群休息的场所，也是夜间鸡群归拢的地方。帐篷搭设要牢固，防止被风吹倒、吹坏。饲养区内需要配置一个太阳能蓄电池，用于晚上照明。还需要挖一个简易的压水井，为鸡群提供饮水。

放养训导与调教。由于滩区面积较大，为使鸡群按时返回棚舍，避免丢失，在鸡群脱温后就要进行放养训导与调教。早晨出鸡舍、傍晚放归时，要给鸡一个固定信号，如敲盆、吹哨等，时间也要固定，最好两个人配合进行。一个人在前面吹哨开道并抛撒颗粒饲料，注意避开浓密草丛，让鸡跟随哄抢；另一个人在后面用竹竿驱赶，直到鸡群全部进入棚舍。如此反复训练几天，鸡群就能建立

"吹哨—采食"的条件反射，无论是傍晚还是天气不好时，只要给信号，鸡群都能及时召回。

四、围圈放养鸡

这里的圈养不是把鸡圈在鸡舍或者家里，因为圈在鸡舍就不是放养也就不算生态，圈在家里养不了几只鸡，经济效益太少或没有。这里所说的圈养，是在农村选择一个空旷的场地，搭建简易的鸡舍，并将场地用篱笆、围墙之类的东西隔离起来，把鸡养在里面。这种模式的优点是鸡有一定的活动范围，缺点是需要更多的人工补饲，鸡的食物可能没有那么绿色天然。

围圈放养鸡饲养管理事项有以下几点。

1. 选址适当，设备全面

散养区应选择地势高、较干燥、平坦开阔、水质良好、水源充足、交通方便、无污染的地方，并且要保证鸡在炎热季节有地方遮阴，还要能很好地消纳鸡的排泄物。鸡棚位置要高、背风、向阳、视野开阔、不能有积水、门前有足够的空间。同时要建设育雏舍，面积根据饲养量来确定，一般以每平方米养30只雏鸡计算。育雏舍的消毒和温度、通风、湿度等的控制与常规育雏舍相同，其供暖方式一般采用电地暖，既方便又准确。

2. 密度要适中

密度过小，鸡群觅食范围广，易逃跑；密度过大会造成青绿饲料不足，人工喂料增多，既增加养殖成本，又影响肉质风味。饲养密度根据土壤肥力和作物的生长情况而定，如果以采食饲草为主，基本不饲喂精饲料，每亩养鸡50～75只；如果饲喂一半精饲料，采食一半饲草，每亩养鸡100～150只；其他饲喂模式，以此类推。

3. 防疫要做彻底

许多养鸡户还按传统的散养模式饲养，对防疫及疫苗的正确使用认识还不够，易漏掉许多疾病，或使用疫苗的方法、剂量和时间不正确，造成防疫失败。故在放养鸡时，免疫一定要彻底，重点是预防新城疫、法氏囊病、传染性支气管炎、鸡痘和禽流感。同时，生态养鸡要坚持全进全出制。一批鸡上市后，对放养地全面清理消毒，最好将放养地翻耕1次。

4. 重视天气预报

鸡放养易受到恶劣天气的影响，一旦遇到大雨或冰雹等恶劣天气，鸡的生长、抗病性能都会受到极大的影响，故应天天收看天气预报，在恶劣天气时不放养，进行舍饲，最好在鸡的活动处搭建避雨棚。

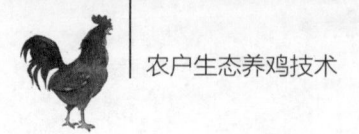

第九章　卫生防疫措施

一、建立卫生防疫制度

鸡场的卫生防疫工作要认真贯彻"预防为主、加强管理"的指导思想，从场址选择、饲养管理、环境卫生、免疫接种、药物预防等方面，全面抓好鸡场的综合防疫工作。

（一）选好场址，合理布局

在鸡场的卫生防疫要求上，鸡场的选择和具体布局对于环境卫生的控制和疾病的防治具有重要影响，鸡场选址和布局的具体要求详见第三章。

（二）把好引种进雏关

为避免从外面带入病原，把好引种进雏关对养鸡场至关重要。如何保证引进种鸡的质量，详见第二章。购买雏鸡，在经挑选、雌雄鉴别、注射马立克氏病疫苗后，要在48小时内运回鸡场，并在雏鸡进入鸡舍之前，要盖上箱盖在舍外进行喷雾消毒。购买雏鸡一定要与信誉好的厂家签订供雏合同，明确鸡的生长发育、疾病预防目标，接雏时认真选择，并了解育雏过程中的饲养管理及防病情况，做到心中有数。

（三）保证饲料和饮水卫生

俗话说"病从口入"，鸡场一定要把好饲料和饮水关。购买饲料时对有虫蛀、结块发霉、变质、污染的饲料一定不能因贪图便宜或购买方便而购进；生产中必须确保全天供应水质良好的饮水，不能用河水、坑塘水等表层水，饮水必须注意消毒，水槽要每天清洗，最好能把水槽改为乳头式饮水器。

（四）搞好环境卫生

创造一个适宜的生活环境是保证鸡只正常生长发育和产蛋的重要条件之一。由于鸡的抗病能力差、对光线敏感且易受惊吓而引起骚动，所以鸡舍环境要保持安静，饲养管理人员在舍内要穿戴整洁、工作认真、严格遵守操作规程。鸡舍周围的垃圾和杂草是昆虫滋生的场所，一定要清除干净。同时要控制鸡舍及其周围的环境，包括光照、温度、通风等，详见第四章。另外，要定期或不定期地对鸡只、用具、鸡舍及周围环境进行消毒，搞好环境卫生。

（五）加强免疫接种和预防性投药

免疫接种是防治某些传染病的有效措施。各鸡场应根据当地传染病发生的种类和流行状况，结合本场情况制订适合本场的疫苗种类、免疫方法及免疫程序，有计划地进行免疫接种。预防性投药是在未发生疾病之前用抗菌药进行预防剂量给药，防止细菌侵入鸡体的有效措施。预防性投药的关键是选择适当的时机，同时为防止病菌产生抗药性，还应采取几种药物交替使用的方法。

（六）实行"全进全出"饲养制度

实行"全进全出"饲养制度，可使全场每年都有一段空闲时间，集中进行全场的彻底清理和消毒，对控制那些在鸡体外不能长期存活的致病因子是最有效的办法。"全进全出"饲养制度就是各饲养阶段分开，即育雏舍、育成舍、产蛋舍严格隔离，分别实行"全进全出"，一栋鸡舍只饲养同一品种、同一批次的鸡。

（七）严格遵守技术管理规程

每个鸡场都应结合本场实际，制订一整套规范化、制度化的技术管理规程，组织全场职工认真学习、自觉遵守，严把鸡苗、饲料、车辆及外来人员的入场关。

二、做好环境卫生与消毒

鸡场疾病的发生在很大程度上都与环境条件有关，合理的饲养环境是养好鸡的重要环节。饲养环境清洁卫生，疾病发生的机会就少。制订必要的卫生防疫措施，以达到净化环境、预防和控制疾病的目的，对于养鸡场来说是至关重要的。鸡由于饲养环境控制相对困难，就更加要求做好鸡场的卫生与消毒工作。

（一）鸡场常用消毒方法

从消毒手段来分，消毒的方法有熏蒸消毒、饮水消毒、喷雾消毒、火焰消毒、紫外线消毒等。

1. 熏蒸消毒

用于可密闭的鸡舍或在密闭的房间里对用具消毒，方法是：把用具和要消毒的物品放于鸡舍或房间里，把所有门窗关闭，然后把福尔马林倒入装有高锰酸钾的容器里产生气体进行消毒，用量是每立方米30毫升福尔马林和15克高锰酸钾，注意倒入后，人马上离开并把门关好。密闭12小时以上，再打开门窗，排出剩余甲醛气体。

2. 饮水消毒

用可饮用的消毒药混合饮用水供给鸡喝，常用0.05%～0.1%的高锰酸钾或0.03%百毒杀。

3. 喷雾消毒

用消毒液对鸡舍内的用具及鸡体进行喷雾消毒，它能杀灭鸡体上、鸡舍设施上、用具上及飘浮在空中的病原微生物，还可减少鸡舍尘埃。

4. 紫外线消毒

更衣室、洗浴室的消毒可采取紫外线照射的方法。

（二）鸡场需消毒的对象

1. 室外环境

对全场所有室外路面、各房舍周围等进行喷洒消毒，对有泥土的运动场地，消毒之前要将表土清理干净。一般春秋季节每隔20天左右进行1次，冬夏季节每隔5天左右进行1次。

鸡场门口，鸡舍入口处应设置消毒池，内放2%氢氧化钠溶液或3%～5%甲酚皂溶液。每栋鸡舍门口放一洗手消毒盆，内放消毒水，并经常更换，保证消毒药的有效浓度。进入鸡场或生产区的人员、车辆、运鸡的鸡笼及其他物品要进行消毒，工人进入鸡舍必须从消毒池内经过并洗手消毒。

2. 鸡舍

鸡群转出鸡舍和进鸡前要对鸡舍进行全面消毒，在饲养使用状态下采取带鸡消毒。育雏舍、育成舍、产蛋鸡舍进鸡前要求冲洗消毒，并空置14天以上。进鸡后每周消毒1次，使用低毒安全的消毒剂，进行全方位的鸡舍喷雾消毒和"带鸡消毒"，天气寒冷时在中午进行。

3. 饲养设备和器具

各种饲养设备和器具应随时清洗消毒，可在鸡舍内消毒，也可搬出消毒，但应防止污染扩散。能用高压蒸汽消毒的器具尽量使用蒸汽消毒，其他如粪板等可清洗消毒后放于日光下暴晒消毒。饲养设备包括饲料槽、水槽、鸡笼、栏架等，一般在冲洗干净后消毒。注射用具、免疫接种用具使用前后均应煮沸消毒。

4. 种蛋

对于饲养有种鸡的鸡场，要对种蛋进行消毒，一般用0.1%新洁尔灭液浸洗5～10分钟。种蛋放入密闭容器内如孵化箱中，按每立

方米用福尔马林28毫升加等量清水，再加入16克高锰酸钾，熏蒸30分钟以上。孵化器具在每次孵化前后清洗消毒。

5. 饮水

每周清洗消毒饮水系统1次，防止水管中沉淀物的堆积和细菌的滋生。水的消毒，最简单而经济的方法是在水中加氯，加入氯的浓度视水中细菌数多少而定。一般加氯后水中余氯量不应多于每升5毫克，否则就会影响鸡的成长及生产性能。应该注意的是，饮水投服疫苗时或喂药前2天在水中不应加氯，以免影响疫苗及药物的效果。也可用漂白粉进行消毒，一般用4～8克漂白粉加水100升配制成消毒水，可加入其他饮水消毒剂，如0.01%康洁新水溶液。

6. 衣帽鞋

外来人员进入鸡舍，必须换上经消毒的衣、帽、鞋后才能进入。职工工作服每天下班后放在消毒间进行紫外线照射或熏蒸消毒，并应每周和在每次鸡群淘汰、转栏工作后清洗1次。

7. 粪便

从鸡舍清理出来的鸡粪及污染物、垃圾等，应在指定场所堆积发酵，可外覆塑料膜以提高发酵效果。对污染重的鸡粪可焚烧或深埋处理。

8. 病死鸡

凡鸡场有病鸡或不明原因的死鸡一律装密闭容器送兽医室剖检后，焚烧深埋或直接生石灰深埋。

（三）鸡场常用消毒药物

1. 甲酚皂溶液

规格：50%。剂量及用法：3%～5%溶液喷洒，1%～3%溶液消毒皮肤。作用、用途及注意事项：甲酚使菌体蛋白质变性而起到杀菌作用，可用于鸡舍、用具及排泄物消毒，2%溶液消毒手臂皮肤。

2. 臭药水（煤焦油皂液、克辽林）

剂量及用法：3%～5%溶液喷洒。作用、用途及注意事项：臭药水是甲酚的另一种试剂，10%溶液可以浸浴鸡脚，治疗鳞足病。

3. 福尔马林

规格：40%。剂量及用法：3%～5%溶液喷洒。作用、用途及注意事项：甲醛使菌体蛋白质变性，有强大的杀菌作用，可用于鸡舍、用具消毒。甲醛蒸汽可对孵化器、种蛋消毒。

4. 生石灰

剂量：10%～20%石灰乳。作用、用途及注意事项：生石灰遇水生成氢氧化钙而产生杀菌作用，可用于涂刷鸡舍墙壁及地面，或排泄物消毒，不能久存，必须现配现用。

5. 苛性钠

剂量：2%～3%热水溶液。作用、用途及注意事项：苛性钠具有强大的杀菌作用，可用于鸡舍、用具及运输工具消毒。一般用市售烧碱（含94%氢氧化钠）配成2%～3%的热水溶液。本品有腐蚀性，能损坏纺织物，使用时应小心。

6. 漂白粉

规格：粉剂。剂量及用法：5%～10%溶液喷洒。作用、用途及注意事项：漂白粉微溶于水，遇水分解产生次氯酸、原子氧和氯，有较强的杀菌作用，可用于鸡舍地面、排泄物等的消毒。不能对金属用具消毒。必须现配现用。

7. 新洁尔灭（溴化苄烷胺）

规格：0.5%。剂量及用法：0.1%溶液喷洒。作用、用途及注意事项：本品同菌体接触使菌体蛋白质变性而杀菌。杀菌范围广，作用迅速，无刺激和腐蚀性。毒性低，不能杀死芽孢。可用于皮肤、黏膜、创伤和手术机械消毒。加入0.5%亚硝酸钠能防止浸泡器械生锈。用肥皂能降低本品的效力，遇高锰酸钾、碘和碘化物及硼酸，可产生沉淀。

8. 过氧乙酸

规格：20%。剂量及用法：0.2%～0.5%溶液喷洒。

9. 高锰酸钾

规格：结晶。剂量及用法：0.1%～0.5%溶液喷洒。作用、用途及注意事项：本品遇水会发生氧化还原反应，能氧化细菌，破坏菌体代谢，可用于皮肤、黏膜和创伤消毒。本品溶液需现用现配。

10. 百毒杀

规格：50%。剂量及用法：饮水消毒用50～100毫克/升，带鸡消毒用300毫克/升。作用、用途及注意事项：本品能迅速渗透入细胞膜脂质和蛋白质体，改变细胞膜透性，具有较强杀菌力。可用于饮水、内外环境、用具、种蛋、孵化器等的消毒，也可用于鸡体消毒。

11. 乙醇

规格：75%。剂量及用法：75%溶液外用。作用、用途及注意事项：本品使菌体蛋白质脱水凝固而呈现杀菌作用，常用于皮肤和器械（针头、体温计等）的消毒。

12. 碘酊

规格：2%。剂量及用法：2%溶液外用。作用、用途及注意事项：碘元素使菌体蛋白质变性而杀菌，用于皮肤消毒。对创伤和黏膜有刺激性。

13. 碘甘油

规格：3%。用法：外用。作用、用途及注意事项：本品无刺激性，用于黏膜消毒，可以治疗黏膜鸡痘。配制方法：碘化钾2克溶于10毫升蒸馏水中，加碘3克，使其溶解，最后加甘油至100毫升。

14. 紫药水

规格：1%～2%龙胆紫的水溶液或乙醇溶液。用法：外用。作用、用途及注意事项：紫药水具有杀菌作用，能使表皮结痂，用于治疗鸡痘及皮肤、黏膜的感染。

15. 农福

规格：为醋酸混合酚与烷基苯磺酸复配的水溶液。剂量及用法：1%～1.3%溶液喷洒。作用、用途及注意事项：农福易溶于水，能杀灭细菌和病毒。

16. 优氯净（二氯异氰尿酸钠）

规格：含有效氯60%～64%。用法：水溶液喷洒、浸泡、擦拭。饮水消毒要至有效氯4毫升/升，作用30分钟。作用、用途及注意事项：优氯净易溶于水，杀菌谱广，对细菌、病毒、真菌孢子及细菌芽孢均有较强的杀灭作用。

（四）鸡场使用常用消毒剂注意事项

鸡场使用常用消毒剂的注意事项有以下6点。

（1）根据所要消毒的微生物选择消毒剂，如要杀灭细菌芽孢或无囊膜病毒，必须选用高效消毒剂（过氧乙酸、火碱、醛类、碘伏、有机氯制剂、复方季铵盐消毒剂等）。

（2）消毒药不能随意混合使用，酚类、醛类、氯制剂等不宜与碱性消毒剂混合，阳离子表面活性剂（新洁尔灭等）不宜与阴离子表面活性剂（肥皂等）混合。

（3）要有足够的消毒剂量：消毒剂量是杀灭微生物的基本条件，它包括消毒强度和消毒时间两个方面，消毒强度指消毒剂浓度，增加浓度可相应提高消毒速度，消毒作用加强，但浓度也不宜过高，过高的浓度往往对消毒对象不利，有的还有腐蚀性、刺激性，同时盲目增加浓度反而会造成不必要的浪费。另外减少消毒时间会降低消毒效果，浓度降低至一定程度，即使再延长消毒时间也达不到消毒目的。如果污染的微生物数量较多，如严重污染的物品、场地，应先进行卫生清洁工作，并适当加大消毒剂的用量和延长消毒时间。

（4）温度和湿度：通常温度升高消毒速度会加快，可增加药物渗透力，显著提高消毒效果。许多消毒剂在温度低时反应速度缓

慢，甚至不能发挥消毒作用，如福尔马林在室温20℃以上的消毒效果非常好，但在室温15℃以下消毒效果不好。湿度对熏蒸消毒的影响较大，甲醛、过氧乙酸熏蒸消毒时湿度要求在60%～80%，另外大部分消毒剂在干燥后就失去消毒作用，溶液型消毒剂在溶液中才能有效地发挥作用。

（5）酸碱度：病原微生物适宜生长pH在6～8，过高或过低的pH有利于杀灭病原微生物，另外pH影响很多消毒剂的消毒效果，如酚类、氯制剂、碘制剂等在酸性条件下杀菌力强，新洁尔灭等在碱性条件下杀菌力强。

（6）有机物质的影响：在消毒环境中常有畜禽分泌物、粪便、脓液、饲料残渣等各种有机物，会严重消耗消毒剂，降低消毒效果。

三、制订合理的免疫程序

免疫接种可使鸡产生免疫力，是防治某些传染病的有效措施。由于一种疫苗只能对某一种特定的传染病有效，所以各鸡场应根据当地传染病发生的种类和流行状况，结合本场情况确定应该接种哪些疫苗，制订出适合本场的免疫方法和免疫程序，有计划地进行免疫接种。目前，商品鸡场主要预防鸡马立克氏病、鸡传染性囊病、新城疫、传染性支气管炎、鸡痘、禽霍乱、减蛋综合征等。

（一）疫苗的选购及保存

1. 购买

购买疫苗时，要根据饲养鸡的品种、数量、日龄，按照免疫程序的要求，到畜牧兽医行政主管部门指定的畜禽疫苗供应处去购买，购买时要看好疫苗的名称、批准文号、生产日期、有效时间、包装剂量等，要仔细查看有无破损、变质及变色、上下分层、絮状沉淀等现象。要优先购买近期生产的疫苗，不要使用即将到期或已经过期的疫苗，更不能贪图便宜到其他兽药经营点购买无批准文号的劣质疫苗。

2. 保存

疫苗选购好后，一定要按照疫苗的存放条件妥善保存。疫苗是生物制品，对温度要求很严格，切忌随便存放，否则将直接影响疫苗的使用效果。不同的疫苗，保存条件不同，一般情况下，冻干苗需要在15℃以下保存，湿苗在0～4℃保存，油乳剂疫苗保存温度在10℃左右。

（二）疫苗接种方法

1. 滴鼻法

将小鸡一侧鼻孔向上固定，用手将对侧鼻孔堵住，将稀释的疫苗溶液用滴管或专用疫苗滴瓶随小鸡吸气缓缓滴在小鸡上侧鼻孔，每鸡1滴，疫苗完全吸入后再放开小鸡。

2. 滴嘴、点眼法

将疫苗稀释液滴入口腔、眼结膜内，点眼时待眼睛眨后即可。

3. 皮下刺种法

疫苗稀释后用注射针蘸取疫苗，在鸡翅内侧无血管处刺种。

4. 肌内和皮下注射法

疫苗稀释后，用注射器在胸、腿肌肉或颈部皮下注射。

5. 饮水免疫法

饮水免疫时应使用塑料水槽，保证有足够的饮水器，确保2/3以上的鸡只能够同时饮到疫苗。向疫苗水中加入适量脱脂奶粉有利于保护疫苗活性，提高免疫效果。

（三）免疫程序

1. 免疫程序确定的依据

（1）鸡场发病史：每一鸡场都有自己的发病史，制订免疫程序时必须考虑该场已发过什么病、发病日龄、发病频率和发病批

次，依此确定疫苗免疫的种类和免疫时机。

（2）鸡场原有的免疫程序和所使用疫苗：如某一传染病始终控制不住，这时应考虑原来的免疫程序是否合理或疫苗毒株是否对号。

（3）雏鸡的母源抗体：了解雏鸡母源抗体的水平、抗体的整齐度和抗体的半衰期及母源抗体对疫苗不同接种途径的干扰，有助于确定首次免疫的时间。对呼吸道类传染病首次免疫最好是滴鼻、点眼，这样既能产生较好免疫应答又能避免母源抗体干扰。

（4）接种日龄与鸡体易感性关系：如传染性喉气管炎的免疫应在7周龄以后进行才可获得好的效果。马立克氏病的免疫必须在出壳24小时内；鸡痘在35日龄以后免疫，一次即可，35日龄以内免疫，则必须免疫两次。

（5）免疫途径：不同疫苗或同一疫苗使用不同的免疫途径，可以获得截然不同的免疫效果。如新城疫滴鼻、点眼明显优于饮水免疫。还有些病毒疫苗亲嗜部位不同，也应采用特定的免疫程序。如鸡痘亲嗜表皮细胞，应采用刺种。

（6）季节与疫病发生的关系：有许多病受外界影响很大，尤其季节交替、气候变化较大时常发。如肾型传染性支气管炎、慢性呼吸道病，免疫程序必须随着季节有所变化。

（7）了解疫情：当附近鸡场暴发传染病时，除采取常规措施外，必要时要进行紧急接种。

（8）重大疫情：本场还没有的，也应考虑免疫接种，以防万一。

（9）烈性传染病：应考虑死苗和活苗兼用，同时了解活苗和死苗优缺点及相互关系，合理搭配使用，如新城疫的防治。

2. 参考免疫程序

免疫程序应根据当地疫情和兽医部门的建议来制订。

（1）肉种鸡的免疫程序可参考表6。

表6 肉种鸡建议免疫程序

接种日期	疫苗种类	接种方法
1日龄	马立克氏病疫苗	皮下或肌肉注射
3日龄	新城疫Ⅱ系苗	滴鼻或点眼
7日龄	新城疫-肾型传染性支气管炎二联苗	滴鼻或饮水
12日龄	新城疫Ⅳ系苗 新城疫油苗	滴鼻或点眼 肌肉注射
16日龄	病毒性关节炎疫苗	饮水
20日龄	传染性法氏囊炎疫苗（中毒）	滴鼻或点眼
25日龄	鸡痘疫苗 鸡传染性鼻炎油苗	翅下刺种 肌肉注射
30日龄	新城疫-传染性支气管炎H_{52}二联苗	点眼或饮水
35日龄	传染性喉气管炎疫苗（发病区）	点眼
41日龄	传染性法氏囊炎疫苗（中毒）	饮水
60日龄	新城疫Ⅰ系苗	肌肉注射
70日龄	鸡痘疫苗	翅下刺种
80日龄	传染性脑脊髓炎疫苗	饮水
90日龄	传染性喉气管炎疫苗（发病区）	点眼
120日龄	新城疫-减蛋综合征二联油苗	肌肉注射
130日龄	病毒性关节炎油苗	肌肉注射
140日龄	传染性法氏囊炎油苗	肌肉注射
300日龄	传染性法氏囊炎油苗	肌肉注射

（2）商品肉鸡及蛋种鸡的免疫程序可参考表7及表8。

表7 商品肉鸡建议免疫程序

接种日期	疫苗种类	接种方法
1日龄	马立克氏病疫苗	皮下或肌肉注射
3日龄	新城疫克隆30	滴鼻或点眼
7日龄	肾型传染性支气管炎疫苗	按说明
12日龄	传染性法氏囊炎油苗（弱毒）	滴鼻或点眼
18日龄	新城疫Ⅳ系苗 新城疫油苗	饮水 肌肉注射
26日龄	传染性法氏囊炎油苗（中毒）	滴鼻或点眼

表8　蛋种鸡建议免疫程序

接种日期	疫苗种类	接种方法
1日龄	马立克氏病疫苗	颈部皮下或肌肉注射
3日龄	新城疫Ⅱ系苗	滴鼻或点眼
7日龄	新城疫–肾型传染性支气管炎二联苗	滴鼻或饮水
12日龄	新城疫Ⅳ系苗 新城疫油苗	滴鼻或点眼 肌肉注射半个剂量
16日龄	传染性法氏囊炎疫苗（中毒）	滴鼻或点眼
22日龄	鸡痘疫苗 传染性鼻炎油苗（中毒）	翅下刺种 肌肉注射
28日龄	传染性法氏囊炎疫苗（中毒）	饮水
34日龄	新城疫–传染性支气管炎H_{52}二联苗	滴鼻或饮水
40日龄	传染性喉气管炎疫苗（发病区）	点眼
60日龄	新城疫Ⅰ系苗	肌肉注射
70日龄	传染性脑脊髓炎疫苗	饮水
80日龄	鸡痘疫苗	翅下刺种
90日龄	传染性喉气管炎疫苗（发病区）	点眼
120日龄	新城疫、传支、减蛋综合征、三联灭活苗	肌肉注射
300日龄	传染性法氏囊炎油苗	肌肉注射

（3）商品蛋鸡的免疫程序可参考表9。

表9　商品蛋鸡建议免疫程序

接种日期	疫苗种类	接种方法
1日龄	马立克氏病疫苗	皮下或肌肉注射
3日龄	新城疫克隆30	滴鼻或点眼
7日龄	新城疫–传染性支气管炎H_{120}二联苗	滴鼻或饮水
12日龄	鸡传染性法氏囊炎疫苗（中毒）	滴鼻或点眼
18日龄	新城疫Ⅳ系苗 新城疫油苗	饮水 肌肉注射
26日龄	鸡传染性法氏囊炎疫苗（中毒）	滴鼻或饮水
30日龄	传染性支气管炎疫苗（发病区）	点眼
36日龄	鸡痘疫苗	翅下刺种
42日龄	传染性喉气管炎疫苗（发病区）	点眼

续表

接种日期	疫苗种类	接种方法
60日龄	新城疫Ⅰ系苗	肌肉注射
70日龄	传染性喉气管炎疫苗（发病区）	点眼
80日龄	鸡痘疫苗	翅下刺种
120日龄	新城疫-减蛋综合征二联油苗 新城疫Ⅰ系苗	肌肉注射 肌肉注射

（四）免疫接种注意问题

进行免疫接种时要注意以下问题。

（1）疫苗使用前先进行检查，查看疫苗瓶内是否真空，瓶盖是否松动，疫苗是否霉变等。根据疫苗使用说明稀释配制疫苗溶液，现配现用。稀释后的疫苗瓶必须放在有冰的保温杯内，疫苗要在规定的时间内用完，使用时禁止日光直射。疫苗如未用完，剩余的必须深埋或焚烧，切忌随处乱扔乱倒。

（2）免疫接种器具如注射器、针头、滴管等，要严格使用蒸煮法消毒，严禁使用化学消毒剂消毒免疫用具、器具。

（3）对鸡群免疫接种前，一定要仔细观察鸡群的健康状况，并注意营养状况和有无疾病，只有鸡群营养状况良好、健康，才能保证疫苗接种安全并产生较强的免疫力；若鸡群营养状况较差、有患病症状或处于患病状态，一定要推迟免疫接种，否则会形成免疫抑制，不能产生免疫力或免疫力低下，有时会引起鸡只死亡，甚至诱发疫病发生。

（4）疫苗免疫必须在良好的饲养管理前提下进行，保证良好的环境卫生和有效的隔离消毒。接种过程中要防止鸡群挤压和过度惊扰鸡群，以减轻应激反应，同时要尽可能减少和避免遗漏接种。

（5）免疫次数一定要适当，千万不要错误地认为免疫次数越多越好，不适当的免疫次数会使肌体免疫应答受到扰乱，免疫力下降，鸡群得不到有效的保护，而且还会产生强烈的应激反应。

（6）免疫接种后1～2天内饲料和饮水中严禁添加抗病毒药

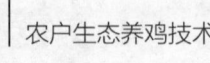
物，鸡舍内外不要消毒，要做好细致的管理工作，如适当提高舍内温度，增加喂料次数，在饮水中加入速补维力康等，促使鸡体及早产生抗体。除此以外，还要注意观察鸡群的动态，特别要对鸡群的采食量、饮水量、粪便稀稠度及呼吸情况进行仔细观察、详细记录，并与免疫接种前的数据进行认真对比，发现异常情况，应及时采取措施。

参考文献

安生，申士林，2014．桑树林下养鸡的方法［J］．养殖技术顾问，（1）：
　　11-11．

蔡敏，陈瑞利，2014．果园生态鸡放养技术探析［J］．安阳工学院学报，
　　（2）：85-87．

陈国华，2019．浅谈鸡场建设与养鸡设备［J］．山东畜牧兽医，40（12）：
　　41-42．

陈印权，2005．我国肉用鸡品种及市场的现状和发展趋势［J］．中国禽业导
　　刊，（11）：28-29．

付兴周，1999．笼养蛋鸡的饲养管理要点［J］．畜牧兽医杂志，（2）：
　　3-5．

何艳丽，2000．我国主要的乌骨鸡品种［J］．农村科技，（8）：22．

洪学，2012．乌鸡品种简介［J］．当代畜禽养殖业，（3）：45-46．

李刚，2013．抱窝鸡的醒抱方法［J］．养禽与禽病防治，（2）：44．

李辉，2002．现代养鸡［M］．北京：中国农业出版社．

李娜，2017．林下生态养鸡和防疫技术［J］．今日畜牧兽医，（11）：
　　51-51．

李沁，2020．图说如何安全高效饲养蛋鸡［M］．北京：中国农业出版社．

李容，2017．鸡场的建设与设计［J］．植物医生，30（2）：42-44．

李秀红，2014．果园散养土鸡技术［J］．中国畜牧兽医文摘，（1）：
　　53-54．

陆俊贤，贾晓旭，唐修君，等，2016．我国蛋用型地方鸡品种遗传多样性分析
　　［J］．扬州大学学报（农业与生命科学版），37（3）：42-46．

宁中华，2001．现代实用养鸡技术［M］．北京：中国农业出版社．

唐丹萍，2015．山林果园放养鸡的养殖技术及疾病防治［J］．中国畜禽种
　　业，（7）：143-143．

王德前，陈国宏，吴信生，等，2011．我国主要地方鸡品种性能测定与聚类分
　　析［J］．浙江农业科学，（4）：930-932．

吴淑娜，曹美花，1998．养鸡生产中需注意的六个问题［J］．中国家禽，
　　（10）：3-5．

吴新魁, 2010. 黄河滩区林下养鸡的饲养管理技术 [J]. 河南畜牧兽医 (综合版), (7): 40-41.

夏风竹, 2017. 高效养鸡技术 [M]. 石家庄: 河北科学技术出版社.

徐秀臣, 王立男, 邓彦莉, 2004. 养禽场鸡的综合防治措施 [J]. 畜牧兽医科技信息, (5): 34.

杨宁, 2010. 家禽生产学 [M]. 2版. 北京: 中国农业出版社.

杨志勤, 2008. 养鸡关键技术 [M]. 成都: 四川科学技术出版社.

于晶华, 于萍, 吴玉才, 2007. 树林养鸡的技术 [J]. 农村致富之友, (6): 30-30.

张宏初, 冯兴茂, 2007. 抱窝母鸡醒抱的措施 [J]. 福建畜牧兽医, (3): 54.

朱广银, 吴德宏, 郑秀莲, 2012. 种鸡场建设规划要点 [J]. 中国家禽, 34 (11): 60-61.

朱庆, 2003. 规模化养鸡新技术 [M]. 成都: 四川科学技术出版社.

朱友根, 2014. 浅析农家散养蛋鸡醒抱的技巧 [J]. 中国畜禽种业, (11): 144.